21世纪全国高等院校艺术设计系列实用规划教材

书籍装帧设计

（第2版）

柳　林　赵全宜　明　兰　编著

内 容 简 介

本书根据作者多年从事书籍设计教学实践经验进行编写而成，符合教学大纲的要求，实用性较强。全书主要通过对大量实例的赏析，简洁明了地传达了书籍装帧设计的思维方法与步骤。本书包括书籍与装帧艺术、中国书籍装帧发展概述、外国书籍发展概述、书籍开本与构成、书籍装帧设计语言、书籍版式设计与古籍版本、书籍装帧与印刷工艺、其他书籍装帧设计的表现形式、书籍装帧设计与社会文化9个部分。

本书既可作为高等院校艺术设计专业“书籍设计”课程的教材和参考书，也可作为广告专业设计方向、包装工程、印刷工程等专业相关课程的教材，更是一般读者了解书籍装帧的实用参考书。

图书在版编目 (CIP) 数据

书籍装帧设计 / 柳林，赵全宜，明兰编著．—2版．—北京：北京大学出版社，2016.7

（21世纪全国高等院校艺术设计系列实用规划教材）

ISBN 978-7-301-27238-1

Ⅰ．①书… Ⅱ．①柳… ②赵… ③明… Ⅲ．①书籍装帧—设计—高等学校—教材 Ⅳ．① TS881

中国版本图书馆 CIP 数据核字 (2016) 第 144648 号

书　　名 书籍装帧设计（第2版）
SHUJI ZHUANGZHEN SHEJI

著作责任者 柳　林　赵全宜　明　兰　编著

策划编辑 孙　明

责任编辑 李瑞芳

封面原创 成朝晖

标准书号 ISBN 978-7-301-27238-1

出版发行 北京大学出版社

地　　址 北京市海淀区成府路205号　100871

网　　址 http://www.pup.cn　新浪微博：@北京大学出版社

电子信箱 pup_6@163.com

电　　话 邮购部 62752015　发行部 62750672　编辑部 62750667

印 刷 者 北京宏伟双华印刷有限公司

经 销 者 新华书店

787毫米×1092毫米　16开本　9印张　210千字

2010年8月第1版

2016年7月第2版　2023年7月第6次印刷

定　　价 48.00元

第2版前言

党的二十大报告指出，必须坚持守正创新。随着文化与科技的进步，书籍的结构形态有了新的变化，也给书籍设计创新带来了新的想象空间。书籍设计是将文字、图形、色彩与印刷工艺融入新颖的形式、理性的秩序中去，从外观的开本到版心的内容，从天头到地脚，从视觉、听觉、味觉、嗅觉到触觉，全方位地纳入设计的想象与创意之中，用装帧设计来传达文稿内容的核心。由于书籍设计是视觉传达设计专业必修的一门课程，需要学习研究书籍设计的基本方法，了解书籍设计的发展趋势和印刷工艺、编排设计原理；掌握书籍设计的一般规律、特点与方法，通过书籍设计的训练，提高书籍设计的创意思维能力。

本书主要从以下内容进行了编写：书籍与装帧艺术、中国书籍装帧发展概述、外国书籍发展概述、书籍开本与构成、书籍装帧设计语言、书籍版式设计与古籍版本、书籍装帧与印刷工艺、其他书籍装帧设计的表现形式、书籍装帧设计与社会文化等内容。在编写中主要采用了图文结合的方式，对国内外优秀设计作品做了详细的分析和阐述。本书附带300余幅精美插图和图表，更加有助于读者们全面地了解和领会书籍设计的要领。

通过本书的学习，学生可以掌握书籍构成要素、设计构思与表现形式、设计工艺流程的基本理论知识；可以掌握书籍的基本形态、基本结构设计，书籍文字、图形的编排以及色彩系统、版式的视觉设计流程，书籍的印刷环节，书籍不同的构成功能、审美要求等；可以掌握书籍设计的方法与原则，熟悉书籍的印刷工艺等。本书既是设计教材，又是书籍设计爱好者的学习参考资料。

本书是在《书籍装帧设计》(2010年版) 基础之上进行的修订，编者本着为教学参考的目的引用了大量前辈和大师、学者的研究成果，在此表示衷心的感谢。由于编者的能力有限，书中难免有不当、不准确的地方，还请专家、业界同行赐教。

编　者

2016年2月

目　录

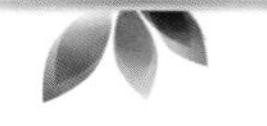

第一章 书籍与装帧艺术

1.1 书籍与装帧

在没有文字以前，人们主要依靠语言来表述和交流经验。在人类思想和社会不断发展的进程中，其口头记事和表达感情就受到了局限。而文字的产生，起到记载知识和传播思想的重要作用，它也是书籍产生的最直接和最基本的条件。

“书”是一个语言符号。如英语将印有文字供阅读的东西叫“book”，法语叫“livre”，德语叫“buch”，日语叫“本”，中文叫“书”。虽然各国语言中“书”的文字符号有所不同，但指的都是一个概念，即书写的文字载体形式。

图 1-1 在中世纪，羊皮纸的制作需要很长时间，都由专门工人来做。图中描绘了羊皮纸作坊的情景

“书”一词来自拉丁文 liber。最早这个词是指位于树的木质与外皮之间的薄层，它和石头一起作为最初书写的载体。但是在古代，人们也使用其他各种载体，如在美索不达米亚有黏土版，苏美尔、巴比伦、尼尼微就出土了好几万块黏土版；在其他地方，还使用骨头、竹木、布料、蜡版、树叶、动物皮，以及各种金属材料作为载体。

书诞生于书写，是人类思想的反映。书是一种方便的载体，是一个按照无限变化的模式复制并传播的工具。公元前三千年在古埃及出现了纸莎草纸，它是古代使用最广的文字载体，很快流行并流传到古希腊和古罗马。但这种书只是文字记录的载体，由于它难以折叠，不能正、反两面都书写，主要采用卷轴的形式。中世纪以羊皮抄本代替古埃及的纸莎草纸，改变了以前书籍保存困难、阅读困难的情况，并且以长方形的书页进行设计布局，无论是字体还是插图、装饰都产生了很大的变化，如图 1-1 所示。在公元纪年之初，书的形式从书卷变成了册籍（codex，即装订成册的纸页），从此，书成了册籍的样式，如图 1-2 所示。

图 1-2 图为意大利拉文纳修道院的镶嵌画（5 世纪）表现了圣马太在一本羊皮纸书上写字的情景，右边有一个装着好几卷书的桶。这说明，册籍的发明兴起于古罗马时期，基督教的兴盛则推动了它的普及

书籍是社会产品，它既是物质产品，又是精神产品。作为精神产品，是用文字在一定形式的材料上记录人的经验、表达人的思想、传播某

种知识的工具。在雕版印刷之前，书或刻，或铸，或写，或抄，那时的书并不是作为商品出现的，大部分书为抄本的记录形式，如图 1-3 所示。当纸和雕版印刷发明以后，印刷业才得以发展，这是一个很长的过程，这个过程也是书籍装帧形态不断变化、发展和完善的过程，如图 1-4 至图 1-6 所示。

图 1-3 早期拜占庭风格的手抄书

图 1-4 仿中世纪书籍装帧形态

图 1-5 13 世纪欧洲豪华版本书籍，此书装订成木铃形，可以挂在腰带上

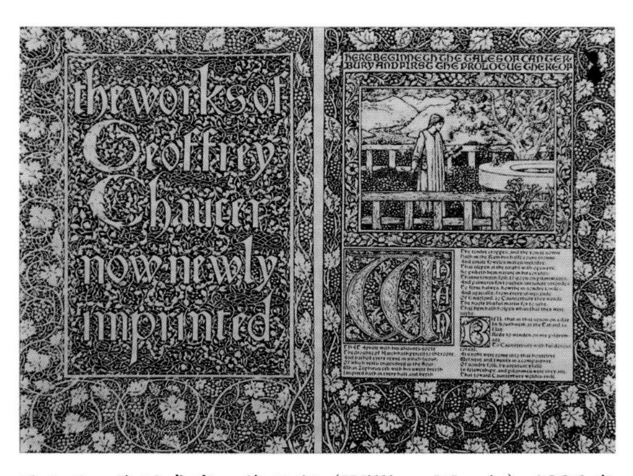

图 1-6 英国威廉 • 莫里斯（William Morris）1896 年《*The Works of Geoffrey Chaucer now newly imprinred*》书籍扉页设计。此书具有“工艺美术”运动的典型特征

“装帧”一词的来源，从字面上解释，装帧的“装”字来源于中国卷轴书制作工艺的“装裱”，有书籍装潢之义。“帧”字原为画幅的量词，装帧两个字连在一起，就形成

了一个具有特定意义的词语。装帧作为一个词，本身就是一个艺术门类的命名，既有艺术性的含义，也有功能性的含义；既包含了设计构思、印刷、装订、材料应用的内容，更是一个以艺术为核心的词汇。

在我国，“装帧”一词最早出现在 1928 年丰子恺等人为上海《新女性》杂志撰写的文章中，当时引用的是日本词汇，装帧一词的意思是纸张折叠成一帧，由线将多帧纸张装订起来，附上书皮，贴上书签，并进行具有保护功能的装饰设计。在西方词典里没有“装帧”这个词语，广泛使用 book design 一词，即书籍设计，或称图书设计、书刊整体设计。其包含三个层面：bookbinding（书籍装订或封面装帧）、typography（排版设计）和 editorial design（编辑创意设计）。显然，装帧只是书籍设计整个过程中的一个部分。

自我国清朝末年西方近代印刷技术传入后，书籍也从线装书的形态过渡到了目前的形式，向封面设计形式演变。当时出现了一些与线装书籍不同的封面样式，即人们所说的“美术封面”或“美的封面”。那时人们对“ 装帧”的理解，主要是指书籍的封面设计，如图 1-7、图 1-8 所示。所以，当丰子恺引进“装帧”一词时，自然就被人们接受了。其原因

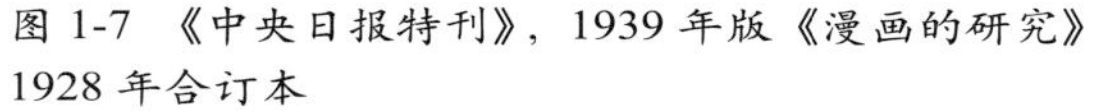
图 1-7 《中央日报特刊》，1939 年版《漫画的研究》1928 年合订本

图 1-8 20 世纪 30 年代的《青春电影》刊物封面设计

是设计者受装帧观念制约，很少去注意内文的视觉传达规律和书籍的整体研究，出版社也只强调效率而很少注重书籍的艺术表现力。20 世纪 60 年代初，邱陵先生撰写的《书籍装帧艺术简史》问世，标志着“装帧”作为学术名词运用到了书籍设计史的研究中。20 世纪 70 年代初，才开始明确提出书籍装帧的整体设计概念，它逐渐包括了书脊、封底、勒口、环衬等设计内容，“装帧”一词的内涵也在不知不觉中发生了很大的变化。20 世纪 90 年代，“装帧”一词不仅包括封面、书脊、封底、勒口、环衬等方面的设计，而且包含了对内文的版式、书籍材料和印刷装订的工艺设计。随着时代的进步，现代书籍“装帧”的意义在不断地扩延，内涵也在不断地丰富，它已经被升华为塑造书籍从内到外、从形式到内容、从物质（书籍形态）到精神（文化内涵）的一系列的艺术创造。

1.2 书籍的艺术性与功能性

书籍是一种精神产品，更是文化产品，其使用价值是先于审美价值的，并且书籍的

功能性与艺术性具有高度的统一性。能否做到艺术性与功能性的完美统一，是设计师设计观念的体现。凡是优秀的书籍装帧设计作品，其艺术性必然融合了功能的意义。只有艺术性与功能性完美结合，才能创造出书籍装帧的艺术价值。

1. 艺术性

书籍装帧属于艺术的范畴，其性质决定了书籍设计应具有艺术性特征。市场经济条件下，书籍装帧艺术已经从以前简单的封面设计过渡到现在的封面、环衬、扉页、序言、目录、正文等书籍整体设计，以二元化的平面思维发展到一种三维立体的构造学的设计思路。我国先秦思想家荀子说："君子知夫不全不粹之不足以为美也。"（《荀子·劝学篇》）极为强调美的整体性。"子谓《韶》：尽美矣，又尽善也。"孔子"尽善尽美"的审美理想，"尽"字也表达了"全部""整体"的含义。任何一本精美的书都有共性整体性。西方美学家说过"一个物体的视觉概念，是从多个角度进行观察后的总印象。"整体美这一要素贯穿于各局部之间，游离于表里之外，显现于人们的主体视觉经验中。

书籍装帧的艺术性，是一个多侧面、多层次、多因素、立体的、动态的系统工程；书籍装帧艺术美感具有多元的、丰富的复合性要素。体现在设计师将情感注入书籍的各个部分，给人们以美的享受；体现在设计师对书籍内容的理解，通过艺术的表达方式，与读者的心灵产生碰撞，引起读者对书籍及其内容产生美好的联想。当读者阅读一本书籍时，在接受文字或图片所传递的信息的同时，也在享受着装帧设计所营造的艺术氛围，如图 1-9 所示。

图 1-9 不同书籍形态所营造的不同艺术效果

2. 功能性

书籍装帧的功能分为两个方面：一是实用功能，二是审美功能。实用功能是书籍的基本功能，而审美功能涉及的是书籍艺术性作用。书籍装帧设计具有承载书稿内容的功能；具有方便阅读的功能；具有对书籍识别的功能；具有促进购买的功能；具有对书籍保护的功能。

书籍装帧设计是营造外在书籍造型的物性构想和对内在信息传递的理性思考的综合学问，是设计师对书的内容准确地领悟和理解后，经过周密的构思、精心的策划和印刷工艺的选择等过程。书籍装帧设计即书籍的形态、文字排列、图像选择、版面构成、色

图 1-10　杉浦康平的《银花》杂志设计，作者根据四季的循环往复变化杂志的节奏，使装帧设计产生一种生命感

彩搭配、纸材应用和印刷工艺的准确性，从视觉表达上展现书的内容，启示读者产生联想，达到书籍设计与信息阅读功能的完美结合，如图 1-10 所示。

随着人们物质文化和生活水平的提高，书籍装帧设计的观念也发生了巨大变化，这种变化的表现形式体现在材料与印刷工艺上，如撒金粉加硬皮、用 PVC 材料做封面、用红木做函套等。精美的装帧可以增加书籍的附加值，书籍装帧艺术本身也可以成为图书市场的卖点，如图 1-11至图 1-15所示。

一本书的装帧设计是否成功，不仅要依赖有才华的设计师，还要依赖有眼力的好编辑。装帧设计需要文编和美编的配合，这样才能使书籍的内容和形式完美结合。文字编辑作为选题的策划者、文稿的审读加工者，也应是图书装帧形式的参与者和设计方案的支持者。如果缺乏沟通，很容易造成设计观念上的脱节，使设计创意夭折，

图 1-11　王序设计的《意匠文字》

图 1-12　吴慧霞设计的“女人的故事”系列装帧

图 1-13　康玖玖设计的新“魔法与科学馆”套书设计

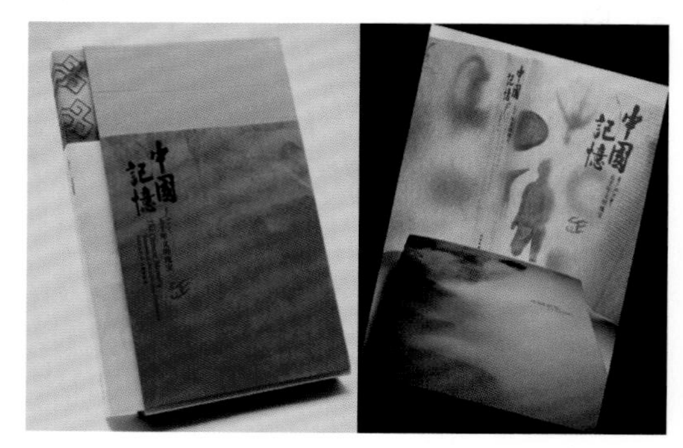

图 1-14　吕敬人设计的《中国记忆》

图 1-15 2012 年“中国最美的书”获奖作品

造成庸俗的设计作品在市场上出现。同时，书籍装帧设计师在设计之前，应该了解和研究该书的内容、阅读群体、印刷工艺和价格定位，了解读者的所思、所想、所求。并且要研究市场，研究图书装帧风格的流行趋势，研究图书上架后的效果等。根据书的这些需要去进行整体性、全方位的设计，才能达到出版的目的。

本章小结

书籍是社会、物质、精神的产品，是用文字记录人的经验、表达人的思想、传播某种知识的工具。装帧是塑造书籍的整体艺术形式，具有审美价值和保护功能的意义，它从视觉表达上展现书的内容，启示读者产生联想和阅读。

习题

1. 书籍装帧整体设计包括哪些内容？
2. 如何理解书籍设计的功能性与艺术性的完美结合？

第二章 中国书籍装帧发展概述

中国书籍的形成和发展，可从书籍的形态上划分为：简策制度（公元前 11 世纪至公元前 2 世纪，周代至秦代）、卷轴制度（公元 4 世纪至公元 10 世纪，六朝至隋唐）和册页制度（公元 10 世纪至公元 20 世纪，五代至明清，有的形式今天仍然在沿用）。其中册页制度包括经折装、旋风装、蝴蝶装、包背装、线装、平装和精装。

史料显示，在河南殷墟出土的大量刻有文字的龟甲和兽骨，是迄今为止我国发现最早的作为文字载体的材质，如图 2-1 所示。从商代甲骨文的规模和分类上看，其所刻文字纵向成列，每列字数不一，皆随甲骨形状而定。甲骨卜辞的摆放似乎也有一定的顺序。《尚书 · 多士篇》说："惟汝知，惟殷先人有册有典，殷革夏命。"其中甲骨文"册"字的含义似乎就是甲骨刻上文字后，串联在一起的称呼。郑振铎在《插图本中国文学史》中说："许多龟板穿成册子。"这样穿成的册子称"龟册"。那么，在甲骨上穿孔，再用绳子或皮带把甲骨一片一片地缀编起来，这应该是书籍装帧艺术的起源吧。 后来在青铜器铭文、铜铁器物文字、石质文书上的文字，虽然在某一方面具有书的功能，但从书的艺术性和功能性上讲则明显存在着不足，如图 2-2 和图 2-3 所示。因此，我国最早具有书籍雏形的是从竹木的简策开始。

图 2-1　河南安阳出土的商代宰丰骨

图 2-2　石鼓文，战国秦篆

图 2-3　熹平石经，后汉书灵帝记

2.1 中国早期的书籍形式

1. 简策

简策始于周代，至秦汉时最为盛行。简策也叫简牍或方策，最直接的理解就是编辑成策，“策”是“册”的假借字。主要是把竹子加工成统一规格的竹片，再放置火上烘烤，蒸发竹片中的水分，防止日久虫蛀和变形，然后在竹片上书写文字，这就是竹简。竹简再以革绳相连成“册”，称为“简策”。策的第一简为书名（即篇名），书名写在篇名之下。在简的开头，往往加上两根不写字的策，名为“敖简”，目的是保护书。这种装订方法，成为早期书籍装帧比较完整的形态，已经具备了现代书籍装帧的基本形式。另外“木简”的使用，方式方法同竹简。牍，则是用于书写文字的木片，与竹简不同的是木牍以片为单位，一般字不多，多用于书信。《尚书・多士》中说：“惟殷先人，有典有册”，从其所用材质和使用形式上看，在纸出现和大量使用之前，它们是主要的书写工具，如图 2-4 所示。

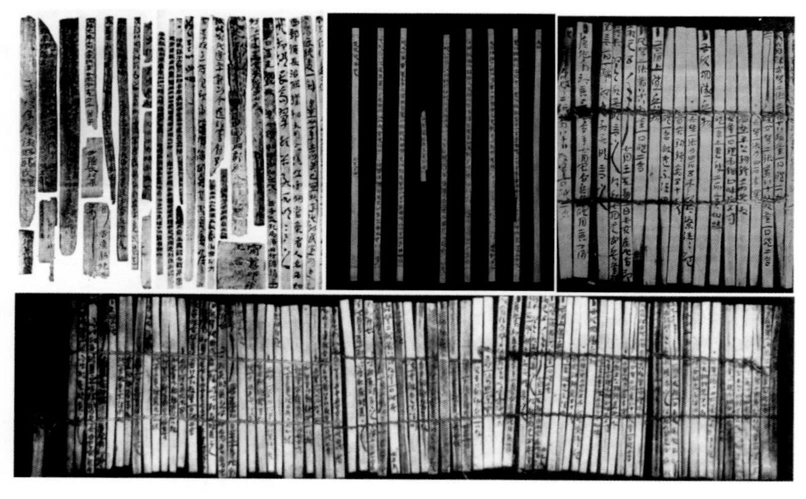

图 2-4　秦汉时期竹简、木牍装帧形态

简策的书写方法有两种：一种是用刀刻字；另一种是用漆直接在简上书写。在简上用笔写字叫作“笔”，即以竹挺点漆而书；用刀刮去字迹叫作“削”。书的称谓大概就是从西周的简牍开始的，今天有关书籍的名词术语，以及书写格式和制作方式，也都是承袭简牍时期形成的传统。

2. 帛书卷子装

缣帛是丝织品的统称，与今天的书画用绢大致相同。帛书出现在周代，在春秋末年已经使用，一直沿用到隋唐。在先秦文献中已有了用缣帛作为书写材料的记载，《墨子》中提到：“书于竹帛”，《字诂》中说：“古之素帛，依书长短，随事裁绢。”可见缣帛质轻，易折叠，书写方便，尺寸长短可根据文字的多少，裁成一段，卷成一束，称为“一卷”。

写在这些丝织品上的书，也分别叫帛书、缣书、素书、缯书等，如图 2-5 所示。帛的织造长度为 40 尺，帛卷的长度视文字的长短而定。《汉书・食货志》中记载："太公为周立九府圆法，布帛广二尺二寸为幅，长四丈为匹。"据考证，汉代已有专门生产制作图书用的缣帛，上面织进或画上红色、黑色的界行，叫乌丝栏或朱丝栏。书写完成后，便用一根细木棒作轴，从左向右卷起来，由此形成了卷轴装的形式。

图 2-5 西汉马王堆出土的帛书

缣帛常作为书写材料，与简牍同期使用，但由于价格昂贵，往往只用于珍贵经典、神圣文书的书写和图画的绘制，如图 2-6 所示。自简牍和缣帛作为书写材料起，这种形式被书史学家认为是真正意义上的书籍。

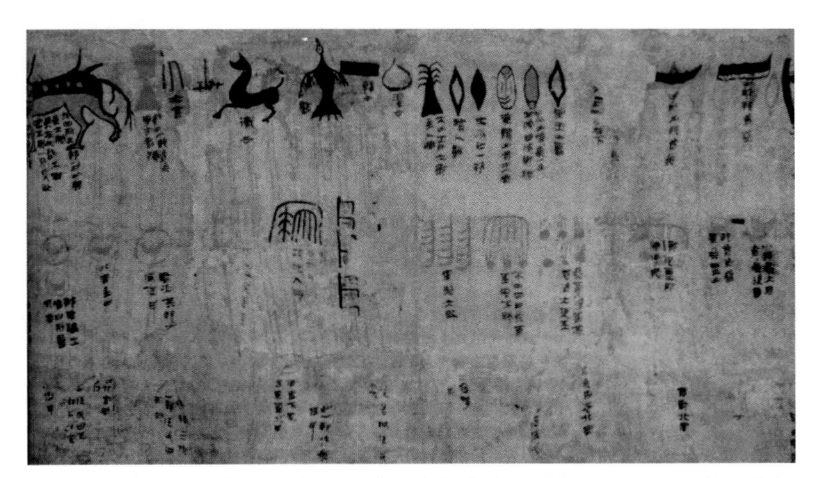

图 2-6 西汉马王堆出土的帛画《天文气象杂占图》，以云、星等天象占卜的帛书，图上的动、植物表示云图

2.2 中国古代书籍装帧的演变

1. 纸的发明

在东汉已经出现，用纸来制作书籍。纸具备缣帛的轻柔，但较之缣帛则更易成型。所以纸的出现是促进书籍形制演变的重要材料。据《后汉书・蔡伦传》中载："自古书契多编竹简，其用缣帛者谓之纸，缣贵而简重，并不便于人。伦乃造意，用树肤、麻

图 2-7　古代造纸的推想图（①原料的切、踩和浸洗；②蒸煮、舂捣和纤维有水的混合；③抄纸、晾晒和纸张的整理）

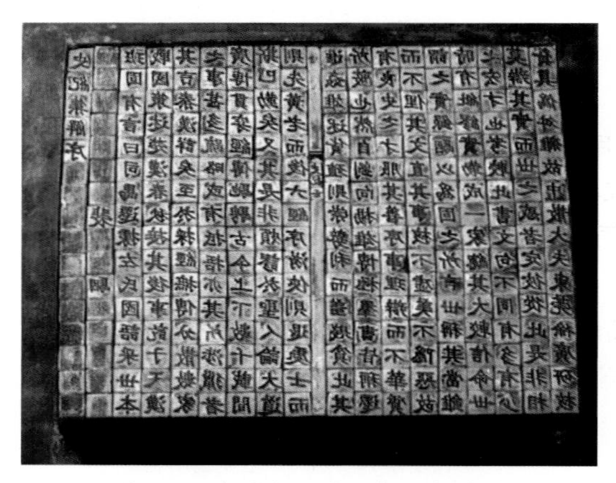

图 2-8　毕昇发明的活字泥版模型

头、蔽布、渔网以为纸。元兴元年奏上之。帝善其能，自是莫不以用焉，故天下咸称‘蔡伦纸’。”）古人认为造纸术是东汉蔡伦所造，其实在他之前，中国已经发明了造纸技术，他只是改进并提高了造纸工艺，如图 2-7 所示。魏晋时期，造纸技术、用材、工艺等进一步发展，几乎接近了近代的机制纸了。东晋末年，已经正式规定以纸取代简缣作为书写用品。到了宋代以后，由于实行重文轻武的政策，科学文化进一步发展，书籍印刷及造纸业更为发达和丰富。

2. 印刷术

中国的印刷术“雕版肇始于隋朝，行于唐世，扩于五代，而精于宋人”（明人胡应麟《少室山房笔丛》）。我国采用雕版方法来印制书籍，在唐朝已经开始雕印历书、道书、阴阳杂记等（如流传并保存至今的《金刚经》等）。到五代时期，雕版印刷书籍的方法已被政府正式采纳，并且用来印制儒家经典（如《九经》《五经文字》《蜀石经》《初学记》等）。随着社会的发展，雕版印刷技术由于费工、耗材等缺陷，在北宋庆历年间（1041—1048），刻版工匠毕昇，用胶泥制成字胚，刻字后，用火烧制成大小陶质活字，通过排版可以灵活应用和反复使用，结束了笨重的雕版印刷方法，如图 2-8 所示。后来元代农学家王桢发明了一套木活字转轮排版技术，使大规模的印刷活动变得更加方便快捷。金属版印刷始于宋代，明代已开始用铜活字版印书，至清代逐渐流行。

以雕版、活字印刷的生产方式印刷的书，品种多，印量大，使用时间长，在各个时期形成各自的特点风貌、别门流派。以年代划分，有唐刻本、五代十国刻本、宋刻本、辽刻本、西夏刻本、金刻本、元刻本、明刻本、清刻本；以版本印刻机构划分，还可分为官刻本、坊刻本、家刻本等。

中国的四大发明有两项对书籍装帧的发展起到了至关重要的作用，这就是造纸术和印刷术。纸的发明，确定了书籍的材质。印刷术的发明，促成了书籍的成型，替代了繁重的手工抄写方式，缩短了书籍的成书周期，大大提高了书籍的品质和数量，从而推动了人类文化的发展。在这种情况下，书籍的装帧形式也几经演进。先后出现过卷轴装、旋风装、经折装、蝴蝶装、包背装、线装装帧形式。

3. 纸书卷轴装

在我国东晋时期，纸的使用日益普及，竹简遭废弃，书籍开始采用麻纸。因纸是简牍与缣帛的代替品，应用于书写后，依然沿袭着卷轴的形式，如图 2-9 所示。欧阳修《归田录》中说："唐人藏书，皆作卷轴"，可见在唐代以前，纸本书的最初形式仍是沿袭帛书的卷轴装。轴通常是一根有漆的细木棒，也有的采用珍贵的材料，如象牙、紫檀、玉、珊瑚等。卷的左端卷入轴内，右端在卷外，前面装裱有一段纸或丝绸，叫作镖。镖头再系上丝带，用来缚扎。卷轴装书籍形式的应用，使文字与版式更加规范化，行列有序。与简策相比，卷轴装舒展自如，可以根据文字的多少随时裁取，更加方便，一纸写完可以加纸续写，也可把几张纸粘在一起，称为一卷。后来人们把一篇完整的文稿就称作一卷。古代的书，大概以一篇成一编或一卷轴，现在仍然应用着篇、编、卷这些简策或卷轴制度的名称。

图 2-9 古籍纸书卷轴装帧

卷轴装书的形成始于汉，主要存在于魏晋南北朝至隋唐年间，卷子的材料有帛，也有纸。在雕版印刷术发明之前，卷子都是用手抄写的。卷轴装书是横着插在书架上，一侧的轴头向外，在向外的轴头上挂上一个小牌，写明书名和卷数，这叫着"鉴"。当时纸卷的书通常单面写字，卷面上已出现了"眉批"和"加注"形式的注释文字；在卷的末端，也多留有题跋的位置，以及注抄日期、校阅等人员的姓名，已初步形成了现代书的风格。

4. 旋风装

从卷轴装转而到旋风装是从卷轴制度过渡到册页制度的演变形式。虽然同一时期出现的经折装改善了卷轴装的不利因素，但是由于长期翻阅会使折口断开，使书籍难以长久保存和使用。所以，古人将一张纸对折，一半贴在第一页，另一半从书的右侧包到背面，与最后一页相连接，使之成为前后相连的一个整体，如同套筒。阅读时从第一页到最后一页，再到第一页，如此可以循环往复、连续不断地朗读经文；遇风吹时，书页随风翻就如旋风，因此，被形象地称旋风装，如图 2-10 所示。另一种是把写好的纸页，按照先后顺序，依次相错地粘贴在整张纸上，类似房顶贴瓦片的样子。这样翻阅每一页都很方便。它的外部形式跟卷轴装区别不大，仍需要卷起来存放，但展开后，页面能够翻转阅读，可谓独具风格，世所罕见，这种装帧形式曾在唐代短暂流行。

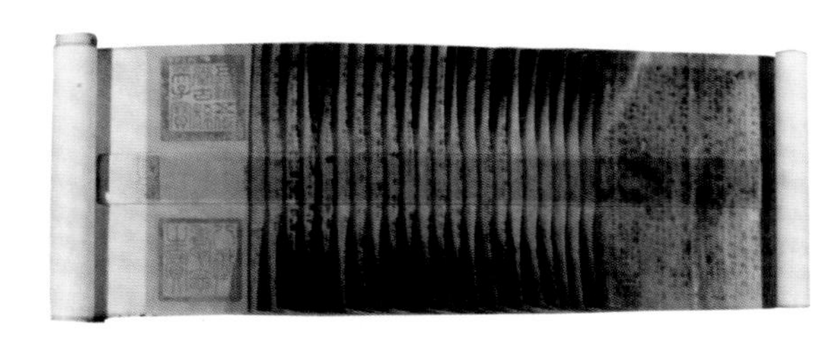
图 2-10 古籍旋风装书

5. 经折装

经折装也称折子装，它是由唐代时折叠佛教经卷而得名，如图 2-11 所示。经折装的出现，完全是针对卷轴装舒展难的弊病而改进的。经折装的出现大大方便了阅读，也便于取放。经折装是在卷轴形式上改造而来的，将一幅长卷沿着文字版面的间隔，一正一反地折叠起来，形成长方形的一叠，在首末两页上分别粘贴硬纸板或木板。它的装帧形式与卷轴装已经有很大的区别，形状和今天的书籍非常相似，如图 2-11 所示。可见经折装流行的时间很长，特别是后来历朝的大臣奏书基本上取这种折子本，故称奏折。经折装与同一时期的旋风装的根本区别点在于，旋风装是双面书写，仍然保留着卷子形式，而经折装是单面书写，已变化为折子形式。在书画、碑帖等装裱方面也一直沿用到今天。

图 2-11　古籍经折装书

6. 梵夹装

唐代玄奘和尚到印度取经，带回一些印度的佛教经典，这些经典采用贝叶的装订形式，称为梵夹装书。这种书是古印度用梵文书写在贝多树叶上的佛教经典，采用一种夹板穿绳装订的装帧形式。这种装帧形态的书页为长方形，一页一页，并不直接相连，中有两孔，按顺序穿线，前后用两块木板夹起来起保护作用，并在木板上面粘有写着佛经名称的签条，实际上这两块木板应该是封面和封底的模式。而中国当时是以纸张来制作书籍的，与贝叶不同，当然装帧方式也就不同。在我国纸制书籍形制中，包括写本和印本，也有裁成长条而模仿贝叶的，因而也有梵夹装书。梵夹装书在唐、五代时期曾流行，主要用于佛经，现在藏文佛经仍然有这种形式的书本，如图 2-12 和图 2-13 所示。

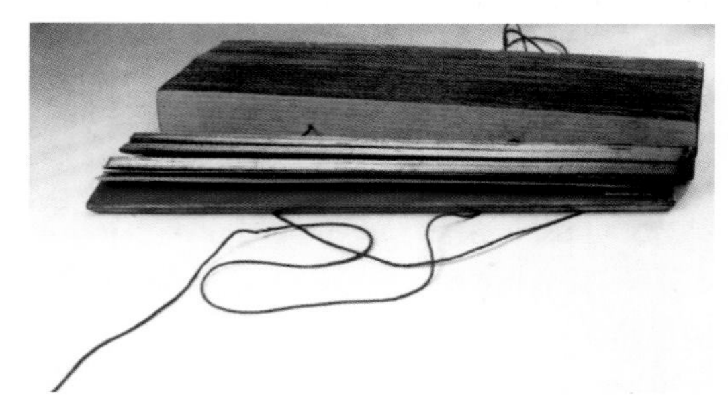

图 2-12　古籍贝叶经装书

图 2-13　古籍梵夹装，蒙文《甘露尔经》和《大藏经》

7. 蝴蝶装

蝴蝶装是宋、元时期盛行一时的书籍装帧形式，由于唐、五代时期，雕版印刷已经趋于盛行，而且印刷的数量相当大，因此人们发明了蝴蝶装，如图 2-14 所示。蝴蝶装就是将印有文字的纸面朝里对折，再以中缝为准，把所有页码对齐，用糨糊粘贴在另一包背纸上，然后裁齐成书。这种折法的好处是版心向内，有文字的地方向书背而不易损伤，特别是对于通过版心的整幅图画，在翻阅时更加方便。

蝴蝶装的书籍翻阅起来就像蝴蝶飞舞的翅膀，故称“蝴蝶装”。蝴蝶装只用糨糊粘贴，不用线，却很牢固。”蝴蝶装的封面，多用厚硬的纸，也有裱背上绫镜的，陈列时，往往书背向上，书口朝下依次排列，因书口处易被磨损，版面周边空间特别宽大。可见古人在书籍装订的选材和方法上善于学习前人经验，积极探索改进，积累了丰富的经验。

8. 包背装

包背装出现在南宋，经元历明，一直到清朝末年，流行了几百年。特别是明、清时期政府的官书，几乎都是包背装，如图 2-15 所示。张铿夫在《中国书装源流》中说：“盖以蝴蝶装式虽美，而缀页如线，若翻动太多终有脱落之虞。包背装则贯穿成册，牢固多矣。”因此，到了元代，包背装取代了蝴蝶装。包背装与蝴蝶装的主要区别是对折页的文字面朝外，背向相对。两页版心的折口在书口处，所有折好的书页，叠在一起，戳齐折口，版心内侧余幅处用纸捻穿起来。用一张稍大于书页的纸贴书背，从封面包到书脊和封底，然后裁齐余边，这样一册书就装订好了。由于这种装帧形式主要是包裹书背，所以称为包背装。包背装的书籍除了文字页是单面印刷，合页装订，且又每两页书

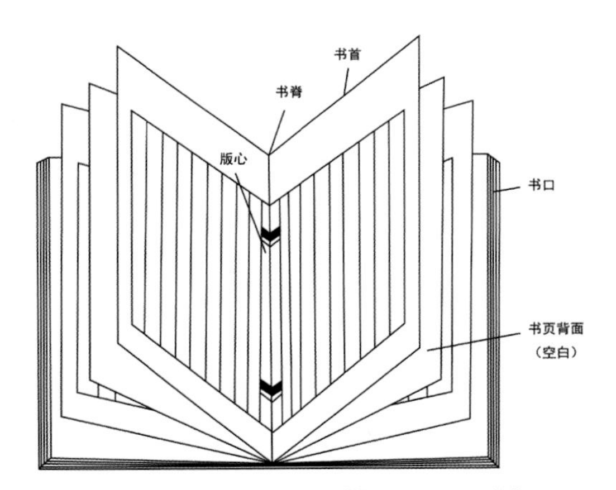

图 2-14　古籍蝴蝶装《御制资政要览》

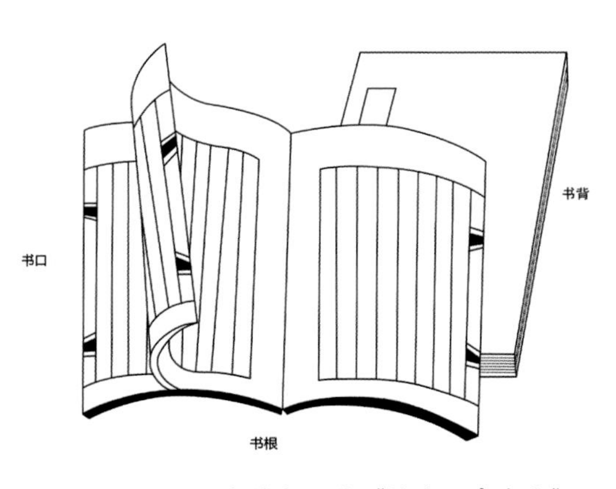

图 2-15　古籍包背装《钦定四库全书》

口处是相连的以外，其他特征均与今天的平装书籍相似。

包背装是在书脊内侧竖订纸捻以固定书叶，平装书则是书脊上横向索线以固定书叶。包背装解决了蝴蝶装开卷就无字及装订不牢的弊病，但因这种装帧仍是以纸捻装订，包裹书背，因此也还只是便于收藏，仍经不起反复翻阅。为了解决这个问题，明朝中期以后，一种新的装订办法便逐渐兴盛起来，这就是线装书。

9. 线装书

线装书是中国印本书籍的基本形式，也是古代书籍装帧技术发展最富代表性的阶段。据文献记载，在唐末宋初已有用横索书背后，再连穿下端透眼横索书背，最后

图 2-16　古籍包背版式线装书《新刊嵩山居士文全集》《永乐大典卷》

系扣打结的形制的痕迹。但在明清时期才盛行起来，流传至今的古籍善本颇多，如图 2-16 所示。线装书的封面及底页多用瓷青纸、栗壳色纸或织物。封面左边有白色签条，上题书名并加盖朱红印章；右边以清水丝线缝缀，古朴典雅，简洁清新。版面天头约大于地脚两倍，印刷版面分行、界、栏、牌。行分双单，界为文字分行，栏有黑、红之分的乌丝栏和朱丝栏，牌为记刊行人及年月地址之用。古籍有书必有图，即所谓的“图文并茂”。版式有双页插图、单页插图、左图右文、上图下文或图文互插等。字体有颜、柳、欧、赵诸家。讲究总体和谐而富有文化书卷之气，重于素雅和端正，而不刻意追求华丽。

线装古书与包背装相比，书籍内页的装帧方法一样，区别之处在护封，是两张纸分别贴在封面和封底上，书脊、锁线外露。锁线分为四、六、八针订法。有的珍本需要特别保护，就在书籍的书脊两角处包上绫锦，称为“包角”。由于线装书多为软纸，插架和携带都不方便，尤其是套书。为了解决这个问题，前人考虑加套、加函。线装书套，多用纸板制成包在书的周围，即前、后、左、右四面，上、下切口均露在外面，也有用夹板保护书籍的四合套和六合套，在开启处挖成多种图案形式，如月牙形、环形、方形、如意形等。书函是以木做匣，用于线装书，匣可做成箱式，也可以做成盒式，开启方法各不相同。制匣多用楠木，取木质本色；也有用纸做成盒装的，有单纸盒和双纸盒的，

图 2-17　线装书的套、函、匣形式

形式多样，如图 2-17 所示。

10. 毛装书

在流通的古籍中，毛装不能算是一种独立的装帧形式，它是线装书的另一种形式，如图 2-18 所示。毛装形式的特点，在折页方法上与包背装、线装没有任何区别。即仍然以版心为轴线，合页折叠。集数页为一叠，戳齐书口，在折页、打眼、下捻、加书皮后，不裁切上、下、右三边，保持装订后的原始状态，也不用加封皮。其优点是，书的上、下、右三边受损伤后，或存放时间长了，可以裁齐三边，并打眼，穿线装订，与新书差不多；它的缺点是存放效果差，所以逐渐就不采用了。

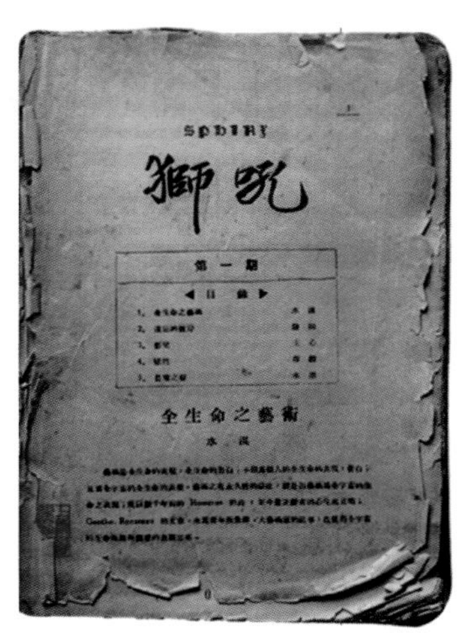

图 2-18　毛装书《狮吼》杂志

毛装书主要有两种情况出现：一种是官刻书，如清代内府武英殿刻的书，通常是赠送给各王府、有功之臣或封疆大吏等，获书者可以自行配以封面进行装潢。另一种就是手稿，特别是草稿，作者写完一章一节，为不使其页码章节错乱，自己把它装订起来。有用线装订的，也有用纸捻装订的。毛毛草草，边缘参差不齐。清代乃至民国以后，在文人学士中还常常出现。例如章太炎、王国维、鲁迅、陈垣等人的一些书稿，便采用了这种毛装形式。

2.3　中国近代书籍装帧设计

20 世纪初，随着西方现代印刷技术传入我国，机器印刷代替了雕版印刷，装帧逐渐脱离传统的线装形式，产生了以工业技术为基础的装订工艺，出现了平装本和精装本。由此书籍装帧方法在结构层次上发生了变化，如封面、封底、扉页、版权页、护封、环衬、目录页、正页新的书籍设计元素。当时封面文字设计中竖排、横排皆有，而文字横排从左往右则反映了新旧交替间的探索试验，随着这样的封面设计逐渐增多，也影响到新书刊装帧的结构组成设计，如图 2-19至图 2-22 所示。

图 2-19　1849 年《天文问答》铅字封面

“五四”前后的出版物，书籍装帧艺术与新文化革命同步进入一个历史的新纪元。由于提倡科学和民主，打破一切陈规陋习，从技术到艺术形式都用来为新文化的内容服务。先进文化的传播，出版机构的创立，吸引了大批艺术家参与到书籍装帧工作中。在这一时期，书籍装帧艺术百花齐放、人才辈出。鲁迅先生重视与倡导书籍装帧，他不仅亲身实践，设计了数十种书刊封面（作品如图 2-23 所示），还引导了一批青年画家大胆创作，并在理论方面有所建树。有陶元庆（作品如图 2-24 所示）、司徒乔、王青士、钱君匋、孙福熙等人。

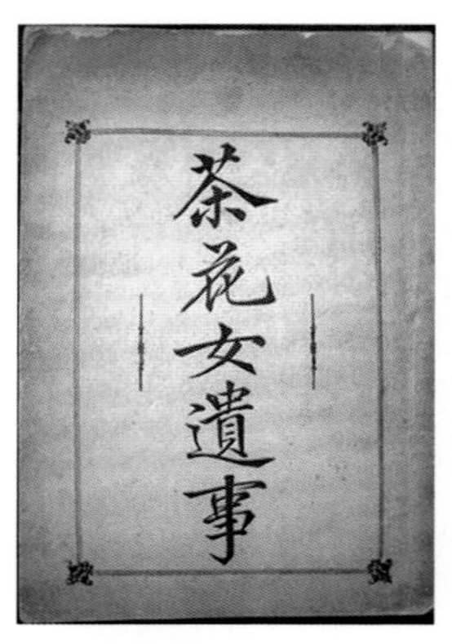

图 2-20　1899 年巴黎《茶花女遗事》刻本封面

图 2-21　日本《新小说》1903 年铅字印本封面

图 2-22　《东方杂志》1912 年 4 月 1 日封面

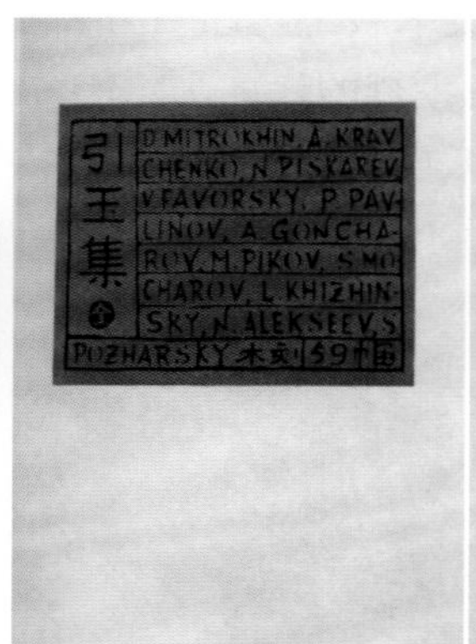

图 2-23　鲁迅设计作品《呐喊》《引玉集》和《毁灭》

图 2-24　陶元庆的《故乡》《坟》和《彷徨》

处在新文学革命的开放时代，当时的艺术家们博采众长，百无禁忌，有受1918年以后德国包豪斯风格影响的，有受英国的比亚兹莱的影响的，有受东邻日本图案及古埃及和古希腊、古罗马装饰风格影响的，在当时这种借鉴和吸收是十分必要的。当然，更有中国传统的风格及画家采用木刻和漫画等形式对书籍的设计与表现，如图2-25所示。

图2-25　20世纪30年代受西方艺术影响的书籍装帧作品《欧洲大战与文字》《苏联文学理论》《率真集》

抗日战争爆发以后，全国印刷条件都比较困难。解放区的出版物，有的甚至一本书由几种杂色纸印成，成为出版史上的一个奇观。大西南也只能以土纸印书，其印版多为画家们自绘，或由刻字工人刻成木版上机印刷。印出来的书衣倒有原拓套色木刻的效果，形成一种朴素的原始美，白报纸成为稀见的奢侈品。从抗战胜利到新中国成立以前是书籍装帧艺术的一个吸收与发展的收获期。其代表作品如图2-26和图2-27所示。

图2-26　20世纪30—40年代书籍装帧作品《率真集》《太阳照在桑干河上》《诗篇》《野草》《烙印》《落叶集》等

图 2-27　20 世纪 30—40 年代书籍装帧作品《万象》《旧巷斜阳》《中国历代货币大系》《海誓》等

1949 年以后，出版事业的飞跃发展和印刷技术的进步，为书籍装帧艺术的发展和提高开拓了广阔的前景。在北京成立了出版总署，统一领导全国的出版、印刷和发行工作。中国的书籍装帧艺术呈现出多种形式、风格并存的格局。在新华书店总店之下，设有专门的书籍装帧设计和插图绘制机构，此后，人民、文学、美术、音乐、外文、青少年等各类出版社纷纷建立。专业队伍不断扩大，而且书籍装帧设计也有了专业分工。1956 年，中央工艺美术学院专门成立了书籍设计专业，由著名的书籍设计艺术教育家邱陵主持，为书籍设计事业培养了大批优秀的后续力量。1958 年我国已有出版社 114 家，1959 年 4 月举办了全国第一届书籍装帧艺术展览会，并参加了莱比锡国际书籍展览会。同时许多著名的艺术家也踊跃地投入书籍艺术的创作中，如刘海粟、傅抱石、古元、吴作人、李桦、黄胄、黄永玉、彦涵、杨永青等一大批画家。这一时期代表作品如图 2-28 和图 2-29 所示。

图 2-28　20 世纪 50 年代书籍装帧设计作品

图 2-29　20 世纪 50—60 年代书籍装帧设计作品

20 世纪 60 年代后，“文革”期间，书籍装帧艺术遭到了劫难，“一片红”成了当时的主要形式，如图 2-30 所示。但在一片“红海洋”的书籍中，仍然有一些优秀的图书设计，如《红岩》《智取威虎山》《沙家浜》《黑面包干》《海誓》《君陶书籍装帧艺术选》和《张光宇插图集》等，如图 2-31 所示。20 世纪 70 年代后期，书籍装帧艺术得以复苏。一大批内容好的经典作品得到出版。如《毛泽东故居藏书画家赠品展》和《故宫博物院藏明清扇面书画集》分别获得莱比锡国际图书博览会和国际艺术书籍展览会金、银、铜奖，如图 2-32 所示。进入 20 世纪 80 年代，改革开放政策极大地推动了装帧艺术的发展。在 1986 年

图 2-30 20 世纪 60—70 年代书籍装帧设计作品《艳阳天》《安徒生的故乡》《德意志民主共和国邮票目录》《一镐渠》《为了六十一个阶级兄弟》《最初的蜜》

图 2-31 20 世纪 60 年代书籍装帧设计作品《红岩》《智取威虎山》《沙家浜》

图 2-32 《毛泽东故居藏书画家赠品展》《故宫博物院藏明清扇面书画集》

举办的第三届全国书籍装帧艺术展览会中，一批中青年艺术家脱颖而出，形成了装帧艺术老、中、青结合的新局面。这一时期出现了大量优秀书籍设计作品，如张守义的《烟壶》、邱陵的《红旗飘飘》、陶雪华的《神曲》、章桂征的《祭红》等，如图 2-33 所示。

20 世纪 90 年代以后，全国各出版社出版了大量介绍国外优秀书籍设计的专业出版物，对中国书籍设计观念的推陈出新影响深刻。同时，装帧设计界和其他设计界一样，受到新的媒介、新的设计技术的挑战，从而发生了急剧的变化，这个刺激因素就是计算机桌面技术的发展，取代了手绘式的劳动。这一时期的代表作品如图 2-34 所示。

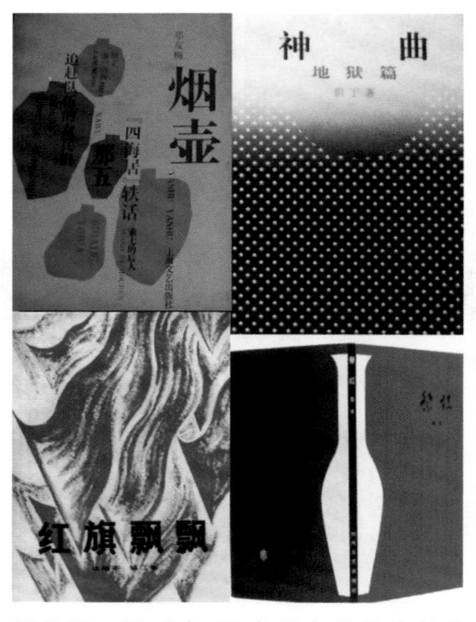

图 2-33　20 世纪 80 年代书籍装帧设计作品《烟壶》《神曲》《红旗飘飘》

图 2-34　20 世纪 90 年代书籍装帧设计作品《菊地信义的书籍艺术》《日本现代图书设计》《杉浦康平——注入生命的设计》《中国接骨学》

进入 21 世纪，随着书籍出版业体制的改革，不少新锐设计师脱颖而出，一批设计工作室引起关注，如吕敬人工作室、王序工作室、吴勇工作室、朱锷工作室、黄永松工作室、合作工作室、生生工作室、黑马工作室、奇文工作室等，都以其鲜明的个性，赢得出版社的认同和赞许。在设计观念上提倡由装帧向书籍整体设计转换的概念。首先，书籍形态的塑造，是出版者、编辑、设计师、印刷装订者共同完成的系统工程；其次，书籍形态是包含“造型”和“神态”的二重构造。前者是书的物性构造，它以美观、方便、实用的意义构成书籍直观的静止之美。后者是书的理性构造，它以丰富易懂的符号形式，充分利用图文的互补，构成书籍的整体效果，如图 2-35 至图 2-38 所示。

2004 年 8 月，在香港文化博物馆举办的“翻开当代中国书籍设计展”，将我国内地、香港、澳门和台湾地区书籍艺术家的作品进行了交流，对中国书籍设计观念的进步起到了积极的推动作用。2004 年 12 月在北京举行的第六届全国书籍艺术展览会规模大，规格高，展品多，共评出金银铜奖 248 件。这些作品基本蕴涵了对传统观念的突破、对书籍设计整体理念的探索和思考，充分体现了在新的设计理念指导下书籍设计所取得的丰

图 2-35 宁成春的“乡土中国”丛书装帧设计

图 2-36 王序的《新平面》刊物设计

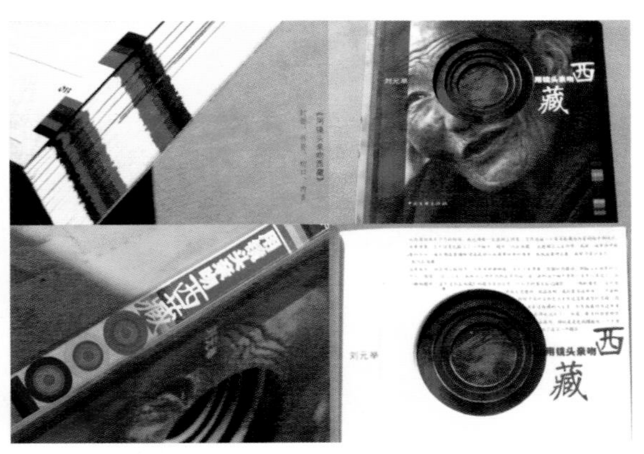

图 2-37 《用镜头亲吻西藏》装帧设计

图 2-38 吴勇的《共产党宣言》《中国印·舞动的北京》装帧设计

硕成果，2009 年，第七届全国书籍展暨“中国最美的书”展，无论从数量到质量，从硬件到软件，从手段到观念都有了飞速的发展。对书籍形态、叙述层次、阅读节奏、体例设定、图像、色彩、纸张工艺等都有了全新思考与再设计，如图 2-39至图 2-44 所示。

图 2-39 陈丽香的“魏东——纯真年代”系列装帧设计

图 2-40 毕宇锋的《山野清风》装帧设计

图 2-41 第七届全国书籍设计展作品（一）

图 2-42 第七届全国书籍设计展作品（二）

图 2-43 第七届全国书籍设计展作品（三）

图 2-44　第七届全国书籍设计展作品（四）

近年来，我国书籍设计的变化和进步，主要体现在书籍整体设计概念的增强、现代感与民族文化的结合、本土文化审美意识的提高、功能与美感的意韵结合等方面。插图在书籍设计中得到更多的重视，材料和印刷制作也更加讲究。作为传播媒介手段的书籍，在现代社会扮演着推动人类文明与进步的重要角色，在数字媒体时代，书籍设计已极大地超越了传统书籍设计的内涵。这也要求书籍设计要与时代同步，促进经济文化的发展，成为沟通作者与读者的桥梁，如图 2-45 至图 2-47 所示。

图 2-45　2014 年全国最美书籍评选获奖作品（一）

图 2-46　2014 年全国最美书籍评选获奖作品（二）

图 2-47　2014 年全国最美书籍评选获奖作品（三）

本章小结

我国最早的具有书籍形式的是竹木的简策，纸和印刷术的出现推进了我国书籍的发展。线装书是中国印本书籍最富有代表性的形态，直到目前仍然是现代书籍模仿的形式之一。由于现代印刷技术的发展，书籍装帧设计已更多地注重材料和印刷工艺的结合，多样化的视觉形象在装帧中得到运用。20 世纪 90 年代以来，我国一批书籍设计家一方面传承创新，另一方面大胆更新观念，使书籍整体设计概念增强，设计思路得到了开拓，书籍内容与装帧形式得到了完美结合，促进图书市场的销售成为编辑和设计师考虑的主要任务。

习题

1. 中国古代书籍及演变过程表现在哪些方面?
2. 纸的发明与印刷术对中国古代书籍装帧起到了什么作用?
3. 中国近代书籍装帧设计代表人物和书籍装帧有哪些?

第三章

外国书籍发展概述

3.1 古代书籍的产生与形式

1. 源流与雏形

书源于书写，书写的重要元素便是文字。目前所知，世界上最早的文字出现于底格里斯河与幼发拉底河之间的美索不达米亚平原，即是苏美尔人与阿卡德人创造的楔形文字。将芦苇的一端削成切面呈三角形的尖锋，如图 3-1 所示，这种三角形尖锋的芦苇笔在黏土版上刻画，便会出现楔形。（这些楔形被用来构造由早期图画发展出来的符号）待黏土版干燥烧成后，按顺序摆放组合起来，就成为当时的书，如图 3-2 所示。

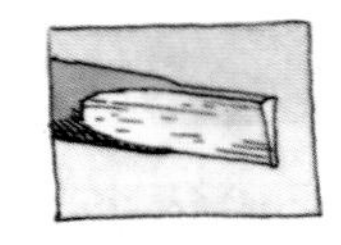
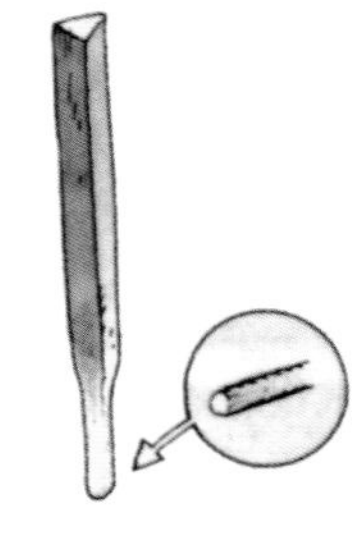

图 3-1 书写泥版书的工具

图 3-2 泥版书

2. 卷轴

古埃及也是文字的重要发源地之一，其象形文字被记录在象牙、石刻和纸莎草纸上。纸莎草纸是由生长在尼罗河三角洲地带的一种沼泽植物制造的，成为古代使用最广的文字载体，如图 3-3 所示。由于它难以折叠，不能正、反两面都书写，最初采用卷轴的形式，把纸卷在木头或者象牙棒上。这些书卷可达 10 多米长，最长的有 45 米左右，文字抄写成 25 至 45 行不等的字栏。纸草比岩石、黏土版轻便，易于书写，故被广泛传播，使用时间也较长。公元前 25 世纪以后，草纸成为古埃及人最主要的书写材料；公元前 5 世纪传入古希腊，后又传入古罗马；直到公元 12 世纪，草纸书写材料的生产才完全停止，草纸的使用时间约为 4000 年。草纸文书多数存放在图书馆墙上类似壁龛的藏书洞内，少量则存放在陶罐里。但是纸莎草纸未经化学反应处理，容易潮湿并被虫咬，不易长久保存。所以，至今留存数量不多。

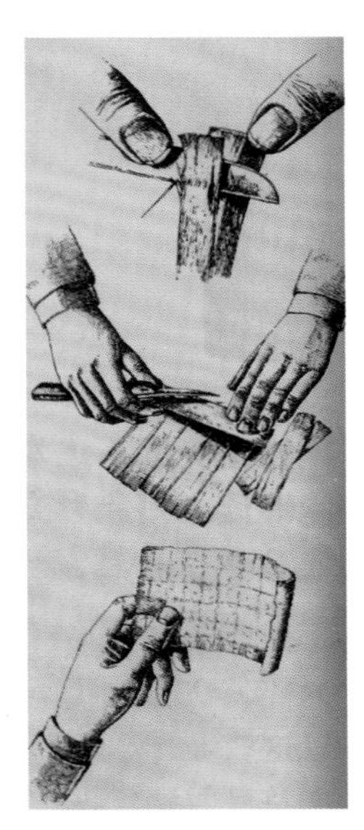

图 3-3 草纸的制作

3. 册籍

古罗马人发明了蜡版书。公元 4 世纪前蜡版书在地中海一带广泛流行。其制作方法是在形同书本大小的木版或象牙版中间，开出一条长方形的宽槽，在槽内填充黑色的蜡体，文字是用尖笔刻写在蜡层上的。在每块版一侧的上、下两角钻上小孔，用绳索将版

图 3-4　羊皮纸制作过程中的磨光程序

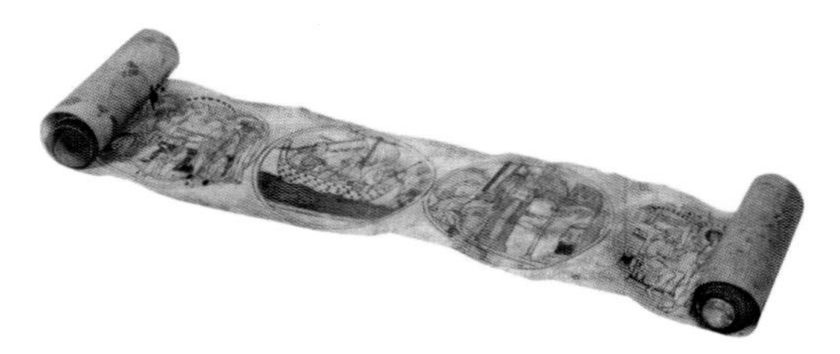

图 3-5　羊皮卷轴

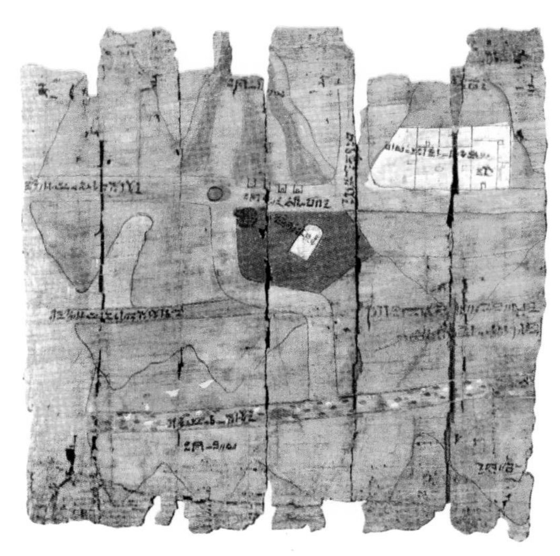

图 3-6　“金矿”草纸

串联在一起，其最前和最后两块版上不涂蜡（形同于今天书籍的封面和封底）。由于蜡版的价格比较便宜，而且同一块蜡版可以反复使用，所以蜡版的使用非常广泛。僧侣、商人、文人、教师和学生都用它来记事、记账、作草稿、演算、备课和做笔记。但蜡版上的字迹易受摩擦而变得模糊，难以长久保存，加上因受书写材料和书写工具的限制，很难把文字写得工整，有时不易辨认，所以蜡版书到 4 世纪后便被易于折叠的羊皮书所取代。

羊皮纸于公元前 2 世纪出现于小亚细亚的帕加马。当时，帕加马人为了克服古埃及国王对纸草禁运的困难，用牛、羊皮制造出了书写的新材料——羊皮纸。其制作过程是：将皮洗净，去毛，再放入石灰水中刷洗（去油脂），撑开晾干，用滑石粉或浮石粉把皮的表面摩擦平滑（图 3-4），即成可书写文字的半透明淡黄色羊皮，然后裁剪成页或连缀成册或长幅，如图 3-5 所示。公元前 2 世纪以后的数百年间，羊皮纸与纸莎草纸同时被普遍使用。与纸莎草纸（图 3-6）相比羊皮纸较重，价格较贵，但能长久保存，可以两面书写，适用于正式的文书。从 14 世纪开始，纸加入了与羊皮纸的竞争，羊皮纸的生产规模受到限制，但是仍用于某些正式场合。

蜡版书是册籍的雏形，直到羊皮纸的出现，书的形式才发生了真正的改变，它从卷轴变成了册籍。往往一本册籍书的内容相当于好几卷的卷轴书内容。册籍比卷轴更利于人们阅读，也易于携带、便于收藏。在羊皮纸与纸莎草纸同时使用时，卷轴和册籍两种书籍形式也共处了两到三个世纪。

3.2 印刷书的诞生

1. 纸张的出现

纸张是印刷的媒介，纸的出现给印刷业带来了一次质的飞跃。

造纸术由中国人在公元 2 世纪初发明。在中国人使用纸张一千多年后，12 世纪时，才经阿拉伯传入西欧国家。然而，纸在欧洲的广泛使用并非一帆风顺。当时纸张的基本成分为破布，与羊皮纸具有不同的表面特质，并且它比较脆弱，容易破损，起初只被当成劣等羊皮纸的替代品不被重视。直到 14 世纪晚期，纸张在许多用途上具有明显的优势，且能大量生产，才开始被广泛使用。

2. 木刻版

在印刷术发明之前，书的复制都是由抄书人手工完成，如图 3-7 所示。抄书人制作手抄本时，偶尔会在每个章、节或者段落的开始用木头做的浮刻大写字母压印在纸上。然而，这种木版雕刻也源自中国。它的制作方法就是在一块雕刻了图案或者文字并且凸出的木板上着油墨，然后覆盖上纸，进行拓印。从制作技术上看，与中国早期的木版雕刻方法一样，都是以一整块木版刻制，在凸版上进行印制。在 15 世纪的欧洲，木版雕刻大部分为宗教题材。由于全开纸拓印的局限性，4 开小册本应运而生，并成为一种完整的读物类型（如《启示录》《耶稣受难》等）。

图 3-7 这是一幅 18 世纪荷兰画家的作品，所绘局部是一部中世纪《圣经》的手抄本

3. 活字印刷

欧洲印刷的真正起点与活字印刷的发明紧密相连。在中世纪时期只有少数的教会、大学、贵族和政府有着书籍的应用。但是随着经济和文化的迅速发展，人们对书籍的需求也随之增加，各个国家都在积极探索新型的印刷方法。直到 15 世纪，真正把活字印刷技术发展完善的是一位名为约翰·古登堡的德国人，如图 3-8 所示。他于 1448 年前后发明用铅合金制成活字版（晚于毕昇 400 年），如图 3-9 所示。活字印

图 3-8 约翰·古登堡

图 3-9 古登堡印刷机的复原图

刷的原理是要把很多金属活字组合在一起，工人可以随意挑选文本所需活字（图 3-10）。在活字粒的制作和印刷材料的改变上，古登堡在尝试的过程中耗费了大量的精力、资金和时间。他用了 10 多年时间，才印刷出第一本书——《三十一行书信集》，一本页数不多的圣经片断。经过不断的探究和努力，1454 年他完全运用金属活字印刷术，印出完整的书籍——《四十二行圣经》，这是第一本因其每页的行数而得名的印刷书（图 3-11、图 3-12）。这本书是对开本，一个印张对折，每页印成两栏，书中 335 万个活字，需要三百多种不同的活字，并且人们猜测有 6 个排字工参加了排版，持续时间为两年。这本书也是活字印刷史上一个决定性的里程碑。此时，书的文字印刷完成后，还要插入图画与各种装饰，这就需要运用带有插图的木版来继续完成。开始时，活字版与木版分开印刷，后来为了提高效率，木版便被插到活字印版中一起印刷。由此可得知，木版印刷与活字印刷在通俗读物的领域共存一时。

图 3-10　活字版的基本字

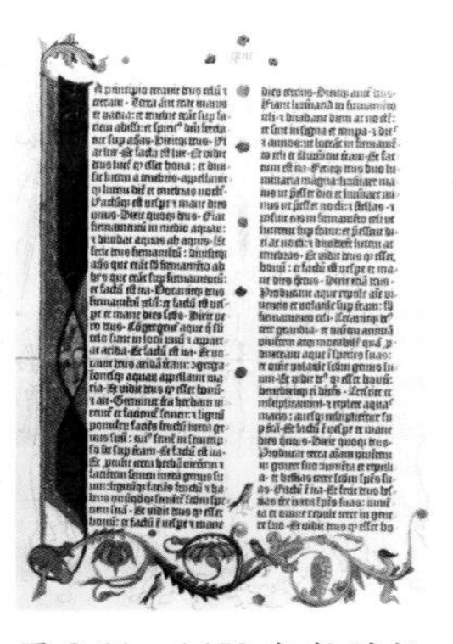

图 3-11　1450 年版的拉丁文《圣经》

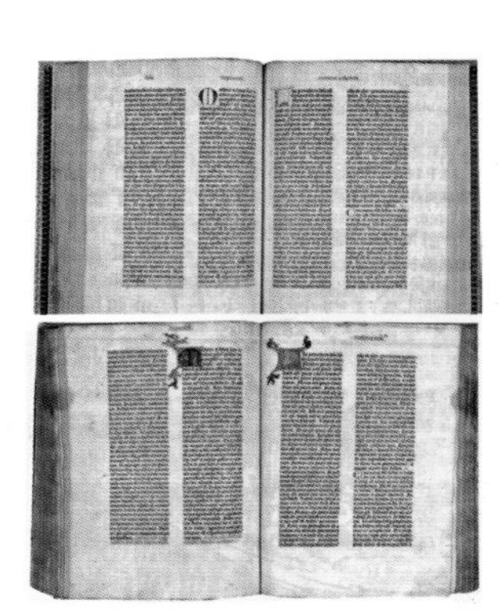

图 3-12　古登堡印刷的《圣经》的两个样本

比起木版的底版无法重新使用，活字印刷确实带来诸多方便。古登堡的活字印刷术在西方一直沿用到 20 世纪。直到今天，古登堡所印的《四十二行圣经》也可算是印刷艺术中的一份珍宝，令许多专家赞叹不已。1755 年，法国人迪多制定了量度活字大小的单位，这与他设计的字模一起促进了活字印刷的发展，如图 3-13 所示。

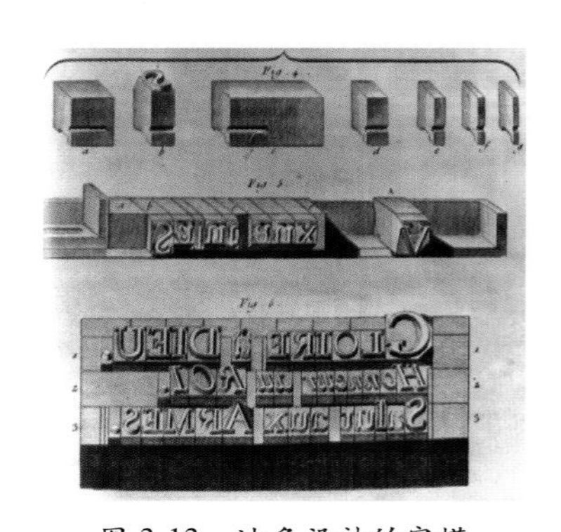

图 3-13　迪多设计的字模

4. 摇篮本

摇篮本这一称呼出现于 17 世纪，来自拉丁语 incunabulum，意思就是摇篮，是西方目录学家对 15 世纪 50 年代至 15 世纪末欧洲活字印刷文献的称呼。这个称呼既不是说那时的书籍生产条件发生改变，也不是说书籍的形式发生了改变，而是这些文献被所有图书馆清点和登记在册。正因为摇篮本在字体、标点符号、版式、插图等方面都与后来的书籍有所不同，所以才有必要考证它的印刷年代。科内利乌斯·伯克汉姆于1688年在阿姆斯特丹出版的一部15世纪活字印刷书目中首先采用“摇篮本”这个术语来描述早期的西文印刷书。

5. 文艺复兴时期的书籍

文艺复兴是14世纪在意大利兴起，16世纪在欧洲盛行的一个思想文化运动。欧洲新生的资产阶级逐步取代教会在艺术与文化领域的地位，其显著特点是人成为社会生活与艺术的核心，而对神的歌颂与肯定逐渐弱化。在文艺复兴时期，由于文化的提高和逐渐普及，造就了书籍出版业的繁荣。人文主义者从中世纪的传统中解放出来，挽救并恢复古典理论文本的原貌，修编后重新发行。这样便与出版商和印刷商紧密合作，使得图书业产生了一次质的飞跃。

这一时期各国的印刷技术与印刷方法都在不断改进和提高。书籍的版面设计逐渐取代了木刻制作与木版印刷，文字和插图可以灵活地排放在一起。由于书籍出版业的繁荣，促进了相关设计的发展，涌现出了许多杰出的书籍设计家、插图设计家、版式设计家、字体设计家；书籍出版商标相应形成；标点符号、页码被广泛使用。宗教书籍和“随身版”丛书在文艺复兴时期占了很大的比重，如图3-14至图3-16所示。而“随身版”丛书是在功能需要的前提下对书籍形态进行的探索与改变。

另一个刺激书籍出版业发展的因素便是殖民主义。由于航海家与探险家对新大陆的发现与探险，使得殖民主义国家开始开拓海外市场，他们带去的新文化促使新书品种不断涌现，推动了印刷业的发展。

文艺复兴时期书籍出版业的一个重要人物是意大利的阿杜斯·玛努提斯，他拥有自己的印刷厂，印刷出版了许多涉及宗教、哲学的书籍。在他所出版的书籍中，插图运用较少，都集中于文字的排版。首写字母的装饰是主要装饰，往往采用卷草纹饰环绕首字母，在版面的整体中求变化。

图3-14　15世纪中叶的情歌集

图3-15　巴桑庭的《天文学讲话》一书中亨利二世和卡特琳娜·德·美第奇交织在一起的姓名首写字母

图3-16　罗贝尔埃蒂安纳的《新约》

法国的乔佛雷·托利也是文艺复兴时期杰出的设计家，他出版的书籍，版式清晰，插图精美，首写字母装饰大方，成为法国早期重要的印刷品。在 16 世纪影响力最为显著的书籍插图，要数 1553 年德图尔恩出版的《圣经》与 1557 年奥维德的《变形记》。这两本书中的藤蔓状花纹装饰启迪了许多瓷器绘画、木雕与丝绣，也是许多系列图画灵感的源泉。《变形记》里的页缘边框也成为样板，收录在许多花边图册中。

从那时起，罗马字体广泛使用，每行的间距更加宽阔，各种提升易读性的尝试争相出现，透过留白，章节标题与正文变得泾渭分明。书籍展现出与现代版本较接近的面貌。

3.3 近现代书籍的发展和流派

15 世纪中期的德国出现了利用排版方式设计、带有插图的书籍。16—17 世纪文艺复兴思想文化运动盛行，促使书籍不断发展，逐渐呈现出现代书籍应有的特征。17 世纪出版的大约 125 万册书籍中，包含了为数众多的一批内容卓越的杰作，书籍的新内容也由此拓展开来。

图 3-17　18 世纪的图书装帧

伴随着小开本书籍的普及和书籍种类的涌现，17—18 世纪书籍的阅读量迅速增大。还有一部分原因来自妇女文化水平的提高，那时的许多散文体小说正因为奉承女性读者才广为流传（图 3-17）。在 18 世纪，普通的人们都有一个信念，要用阅读来启迪和教育自己。这种信念的一个具体体现就是各类百科全书的兴起，狄德罗和法国的百科全书是当时的成功典范。在工业化、民主政治和城市化浪潮的推动下，19 世纪的书籍印量成倍增长。同时，报纸和杂志的发行量也猛增，从而出现了大众传播的社会现象。在这期间，儿童读物受到了重视，儿童杂志也开始出现，这项工作吸引了许多儿童书籍作家和设计者为之努力。

书籍的发展在 20 世纪时受到众多传播媒介（如电影、电视、广播）的影响。当然，这些新兴媒介的出现会吸引很多观众和听众，人们只需看或听就能获取信息。但书籍有赖于它自身所具有的作为传播工具的功用，它是知识的储存库。新兴媒介中的声音和图像都是转瞬即逝的，书籍中的文字和图片都是可以长久保存的，需要时可以随时查阅。正是由于这个特点使人类文化代代相传。所以，新兴媒介并不能取代书籍，进入 20 世纪以来的书籍出版更加繁荣。

1. 工艺美术运动的表现主义

图 3-18 威廉•莫里斯

工艺美术运动是19世纪下半叶起源于英国的一场设计改良运动，起因是针对装饰艺术、家具、室内产品、建筑等，因为工业革命的批量化生产和维多利亚时期的烦琐装饰两方面所带来设计水平下降，导致英国和其他国家一些设计师希望能从传统设计中和远东设计风格中汲取可以借鉴的因素，来扭转趋势。以威廉•莫里斯（图3-18）为代表人物的工艺美术设计家带动了革新书籍艺术的风潮，创造了许多为后来设计家广泛运用的编排构图方式，比较典型的有将扉页和每章、节的第一页采用文字和曲线花纹缠绕在一起，具有歌德风格的特征；将各种几何图形插入以分隔画面等，如图3-19和图3-20所示。

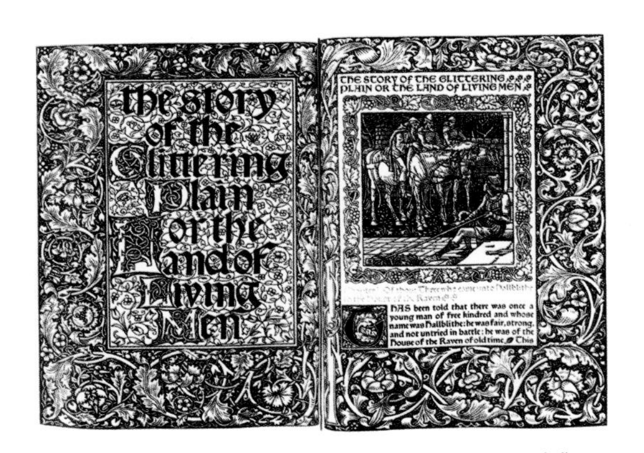

图 3-19 莫里斯设计的《呼啸平原的故事》

图 3-20 《呼啸平原的故事》的内页设计

2. 新艺术风格

新艺术运动是19世纪末、20世纪初，在欧洲和美国产生和发展的一次影响很大的装饰艺术运动，是传统设计与现代设计之间的一个承上启下的重要阶段。新艺术运动以自然风格作为自身发展的依据，强调自然中不存在直线，在装饰上突出表现曲线和有机形态。这种风格中最重要的特性就是充满活力的、波浪形和流动的线条，好像是植物从书籍中生长出来。

新艺术运动在英国的发展仅仅局限于平面设计和插图设计上。这个时期最重要的代表人物就是奥伯利•比亚兹莱，他热衷于单纯的黑白线条插图，他的系列书籍插图设计都是围绕着这种充满强烈主题、丰富的想象和鲜明特色的风格发展的，如图3-21和图3-22所示。

图 3-21　比亚兹莱《莎乐美》

图 3-22　比亚兹莱《亚瑟之死》

3. 意大利的未来主义

未来主义是由意大利诗人菲利波·托马索·马里奈缔作为一个运动而提出和组织的。他在 1909 年向全世界发表了《未来主义的创立和宣言》，这个宣言以浮夸的文辞宣告过去艺术的终结和未来艺术的诞生。未来主义书籍设计的最大特征是版式上视觉语言具有速度感和运动感，把版面从陈旧的编排控制下解脱出来，让版面自由自在、无拘无束，如图 3-23 和图 3-24 所示。未来主义开启了现代自由版式的先河。

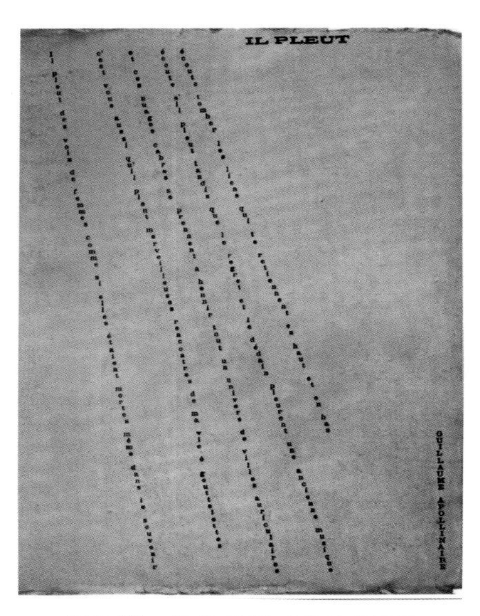

图 3-23　阿波里捏《书法语法》

图 3-24　阿波里捏《书法》的版式设计

4. 俄国的构成主义

构成主义运动开始于 1917 年俄国革命之后，是在小批知识分子中间产生的前卫艺术设计运动。对于激进的俄国艺术家而言，十月革命引进根基于工业化的新秩序，是对于旧秩序的终结。构成主义运动广泛采用书籍这种媒介来宣传国家的革命意识形态。这个时期的主要代表人物是李西斯基，他的设计风格简单、明确，采用简明扼要的纵横版面编排为基础，并且意识到了金属活字排版技术在今后设计中的缺陷。其中具有代表性的书籍设计是《艺术主义》和《两个正方形的故事》，分别如图 3-25 和图 3-26 所示。他的书籍版式设计呈现出明显的构成主义风格，每一页的版式编排在变化中有统一，给阅读者带来轻松感，如图 3-27 所示。

俄国的构成主义艺术运动进一步推动了未来主义运动的实践性设计，是未来主义风格的延续，如图 3-28 所示。

图 3-25 李西斯基《艺术主义》

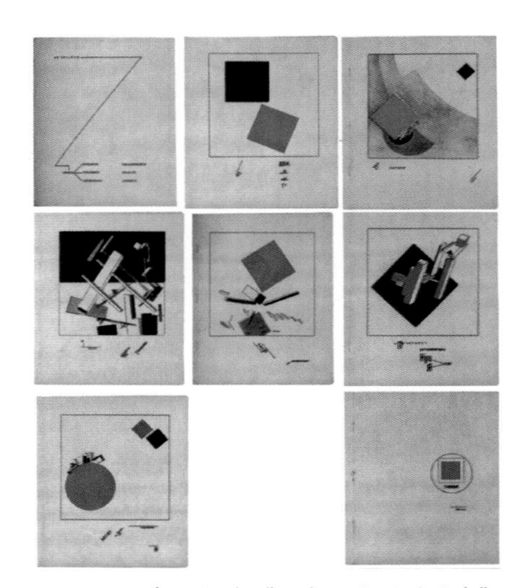

图 3-26 李西斯基《两个正方形的故事》

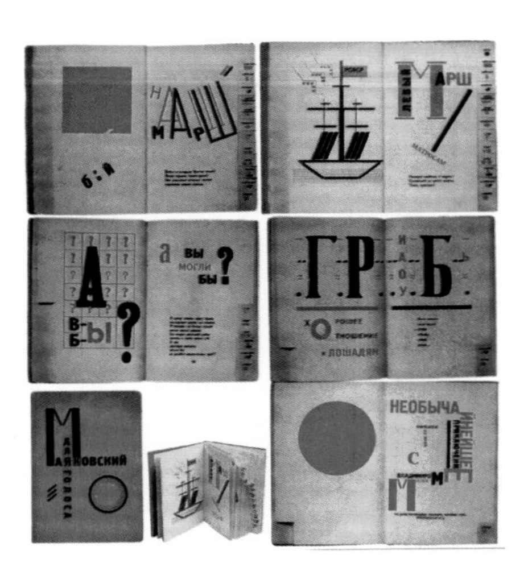

图 3-27 李西斯基《*FOR THE VOICE*》

图 3-28 马雅科夫斯基《苏维埃字表》

5. 荷兰的风格派

风格派形成于 1917 年，其核心人物是蒙德里安和杜斯伯格，其他合作者包括画家、雕塑家、建筑师等。显然，风格派作为一个运动，广泛涉及绘画、雕塑、设计、建筑等诸多领域，其影响是全方位的。用来维系这个集体的是当时的一本杂志《风格》，如图 3-29 和图 3-30 所示，它的设计特点与构成主义的编排方式相似。因为《风格》杂志具有风格派运动的特色，所以它成为运动思想和艺术探索的标志。

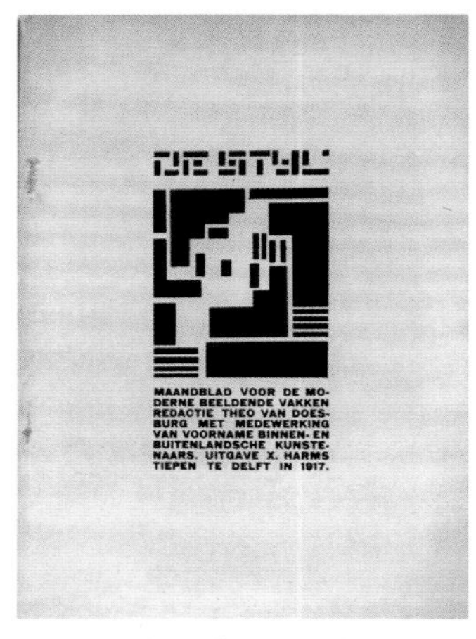

图 3-29　胡萨的《风格》杂志封面设计

图 3-30　杜斯伯格的《风格》杂志封面

6. 纽约平面设计派

纽约平面设计派在 20 世纪 40 年代形成，它既能形成自己独立的风格，又能与其他设计风格相互融合，以至于这个时期是美国乃至世界设计史上不容忽视的一页。这个时期的书籍设计在风格上具有简洁、明快的特点，同时又不会因为简洁而失去它的浪漫和幽默的性格特征，往往采用图形与图片相结合的形式来完成作品，如图 3-31 至图 3-36 所示。代表人物保罗・兰德具有很高的设计天赋，他设计的杂志刊物和书籍的封面在当时广为流行，并大受欢迎，如图 3-37 和图 3-38 所示。

图 3-31　1930 年 tacitus redivivus

图 3-32　1925 年的设计作品

图 3-33　KINDERLAND 1932

与书籍设计紧密相连的是版式设计，20 世纪 60 年代美国的出现，更加深化和延续了平面设计派的风格，也在不断地进行创新。设计家喜欢把两种甚至几种不同的元素有机地结合在一起，使画面达到一种视觉的反向和冲击，如把字母与图形进行混搭，图形可以变文字，文字也可以变图形。这种方式不失趣味性与创新感，在书籍的内页与封面、封底设计中经常使用，如图 3-39 和图 3-40 所示。

图 3-34　1929 年的书籍设计

图 3-35　《人格与心理治疗》封面设计

图 3-36　《电脑与人们》

图 3-37　《*leave cancelled*》

图 3-38　保罗・兰德的《偏见：一种选择》

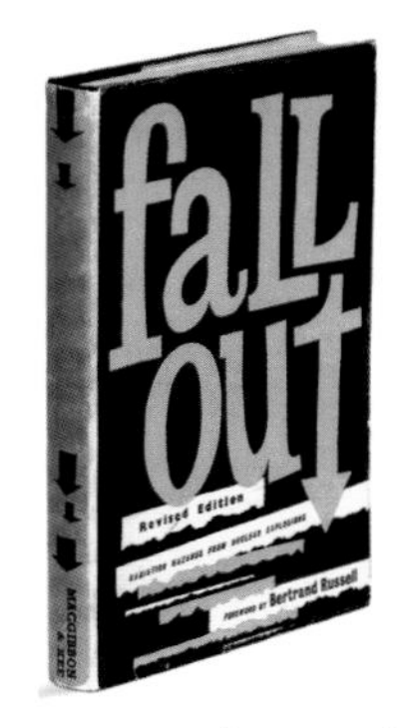

图 3-39　《*fall out*》

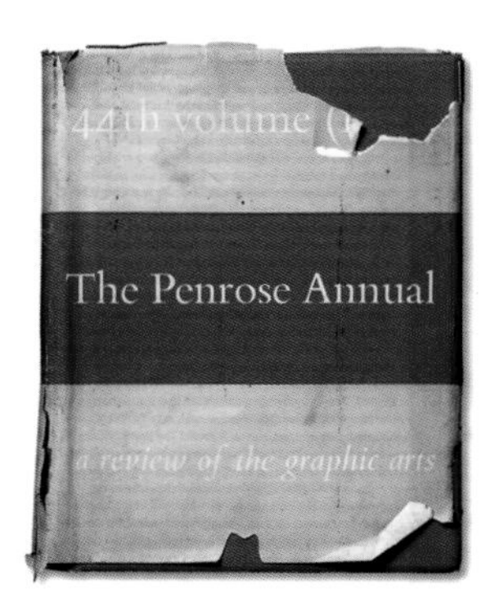

图 3-40　《*The Penrose Annual*》

这个时期的书籍设计打破了传统的枷锁，给书籍设计注入了新的生命，让受众认识到书籍不仅是用来阅读的，它也是一个艺术欣赏的过程，具有独立的艺术价值。

7. 数码主义

进入 20 世纪 80 年代，计算机广泛运用于设计使得书籍设计迈入了一个技术革新的领域，激光照排技术的广泛普及代替了活字排版技术。设计师可以自由地选择字体，在文字中插入图片，对插图进行合理处理，使整个书籍从设计到出版发行的程序发生了翻天覆地的变化。但是，在计算机这个多面手面前，我们还需要保留什么能力，是完全依赖还是完全废弃，这值得认真思考……

近现代书籍作品欣赏，如图 3-41 至图 3-55 所示。

图 3-41　埃杜阿多的设计

图 3-42　奇普・奇德《看，身体在燃烧》

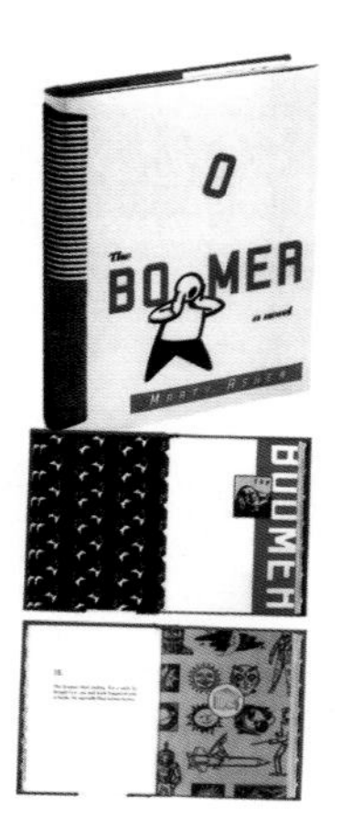

图 3-43　奇普・奇德《*The BOOMER*》

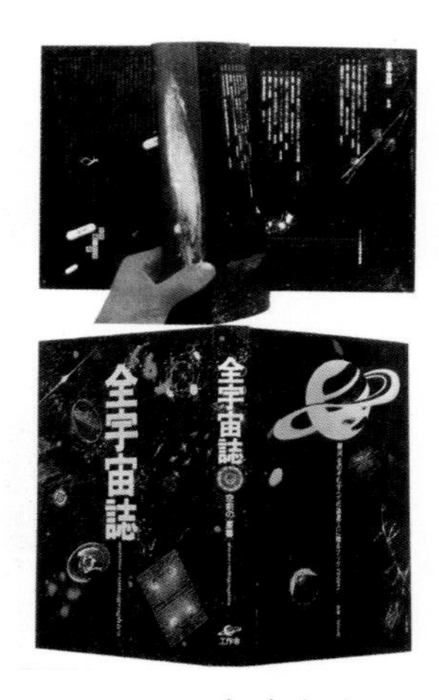

图 3-44　杉浦康平《全宇宙志》

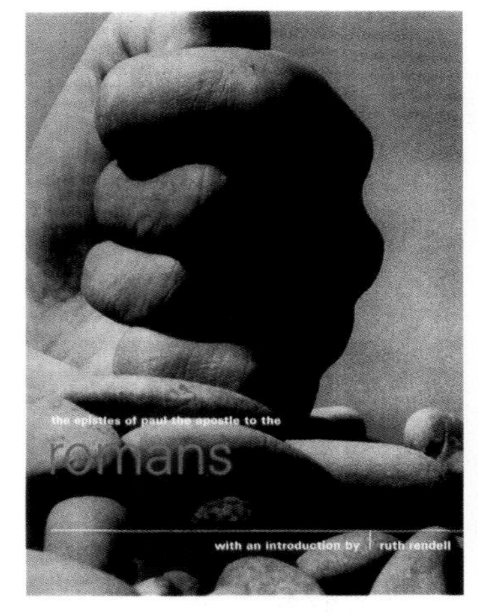

图 3-45　罗马书的装帧设计

图 3-46　1965 年法瑞尔的《*Nothing More to Declare*》

图 3-47　乔治・罗依斯《老爷车》

图 3-48　杰米•基南《犬王》

图 3-49　杰米•基南《1717 杰罗姆》

图 3-50　杰西•马里诺夫•雷耶斯《蒙特•皮同电视指南》

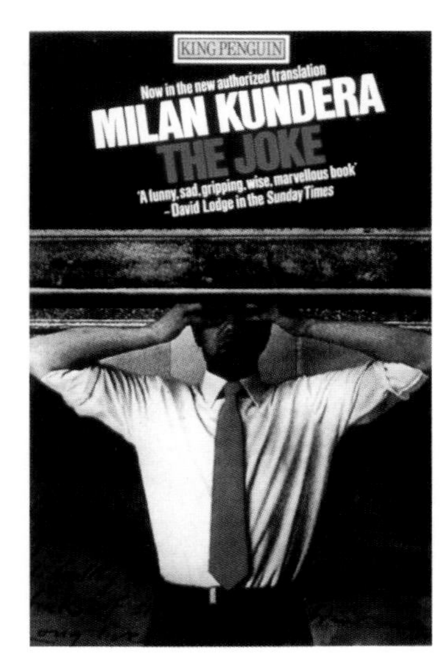

图 3-51　安德雷伊•克里姆斯基《玩笑》

图 3-52　1973 年温德尔•迈纳的《如果我在战场上死去》

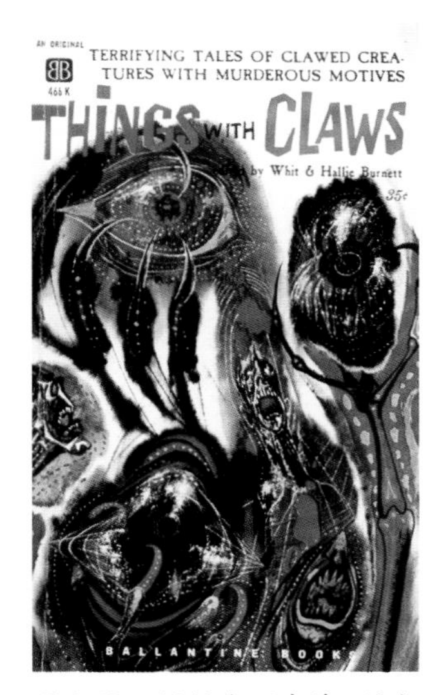

图 3-53　1961 年理查德•鲍尔斯的《*THING WITH CLAWS*》

图 3-54　詹姆士·哈奇生《怀疑的博物馆》

图 3-55　1965 年威廉·贝奇《*BEHOLD GOLIATH*》

本章小结

由于书籍本身的复杂性，任何关于书籍的论述必然涉及书籍的起源与发展。在外国书籍发展的漫长历史中，书籍的形式与内容都发生了巨大的变化。书籍被设计成一种用以传播知识的工具，各种不同的书籍形态都具有传播知识的目的。巴比伦的泥板书、古埃及的纸草书、古罗马的蜡板书、羊皮纸书、木刻版、活字印刷本、摇篮本，以及现代社会的各式各样的书籍，活灵活现地演绎了外国书籍的发展历程。

习题

1. 请画出外国书籍发展图表（包括年代、书籍种类、特点）。
2. 请列出制作外国书籍的各种材质。
3. 谈谈你对摇篮本的认识。
4. 近现代书籍设计的流派有哪些？

第四章

书籍开本与构成

4.1 书籍的开本

通常人们都会在不经意间将所见物体的形态进行某种心理定义——将其认为是“平静的”“沉重的”“柔弱的”“精美的”“粗犷的”等。这是由物体的尺量与度量的空间变化对人的心理所造成的直接影响，如竖长型给人以崇高感，平宽型给人以开阔感。作为六面体的书籍也是如此，诗歌、散文以及一些艺术类等书籍一般在体量上相对小而尺度狭长，制造秀丽轻松的氛围；学术论著、经典著作一般体量都会厚重些，让人在目睹时感受到权威、凝重、严谨的文学特征；而经典画册和鉴赏性书籍的尺度更为方正，让人们体会端庄而典雅的艺术氛围，如图 4-1 至图 4-4 所示。

图 4-1　吕敬人设计的《赵氏孤儿》

图 4-2　获德国“世界最美的书”评选作品

图 4-3　异形开本儿童书籍设计

图 4-4　书籍内页设计

因此，在书籍设计中尺度和体量的合理选择变得尤为重要，它是设计者将自己对书籍的理解转化为书籍形态的重要前提，也是最先传达自身身份的空间语言。在书籍设计中对书籍尺度和体量的选择是由“开本”这一概念完成的，书籍的内容以及所有设计元素都是基于“开本”这个三维实体空间之中，“开本”可以说是书籍设计的第一个课题。

1．开本的概念

书籍的开本设计也称为开型设计，在不浪费纸张、便于印刷和装订生产的前提下，以一定规格的整张印刷纸张，采用不同的分割方式形成书籍尺寸规格，并以一张纸所分割的数量为开本命名，如图 4-5 所示。书籍开本一般有正规开本和畸形开本之分，正规开本是指能够被全开纸张裁切成幅面相等的纸张的开本；畸形开本则是指不能被全开纸张开尽的开本。由此可见，畸形开本会浪费一定的纸张，从而带来成本的增加，需要在选择和设计开本时加以考虑的。

为了更好地理解开本的概念，需要了解一下纸张的开切方法。未经裁切的纸张为全开纸张，全开纸张，按 2 的倍数来裁切；当全开纸张通常不按 2 的倍数裁切时，其按各小张横竖方向的开切法又可分为正开法和叉开法。

正开法是指全开纸按单一方向的开法，即一律竖开或横开的方法，如图 4-6 所示。叉开法是指全开纸张横竖搭配的开法，如图 4-7 所示。

除以上的两种方法外，还有一种混合开切法，即将全开纸张裁切成两种以上的幅面尺寸，又称套开法。其特点是能充分利用纸张，根据用户的需要任意搭配，没有固定的模式，如图 4-8 所示。

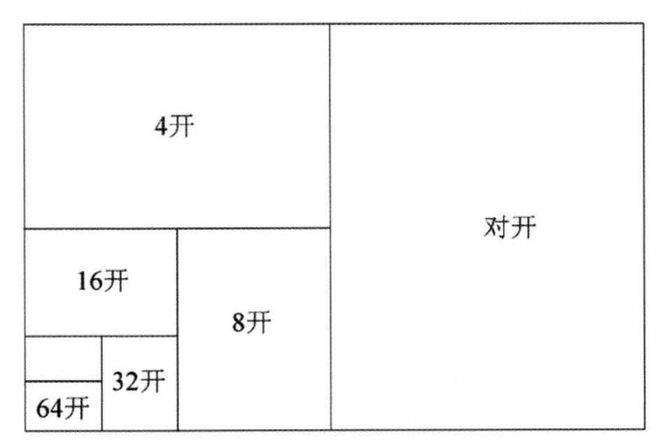

图 4-5 开本的概念

图 4-6 正开法

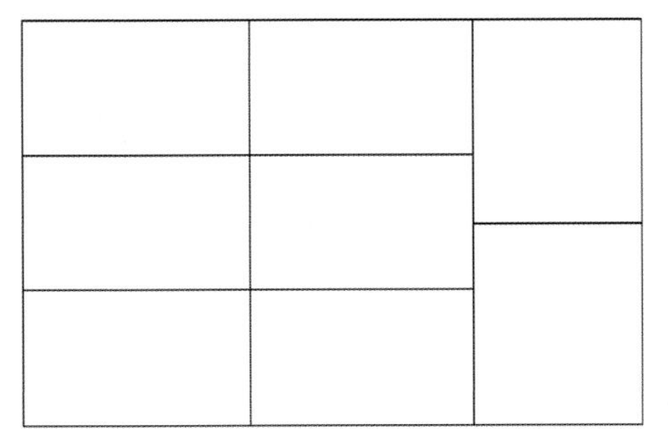
图 4-7 叉开法

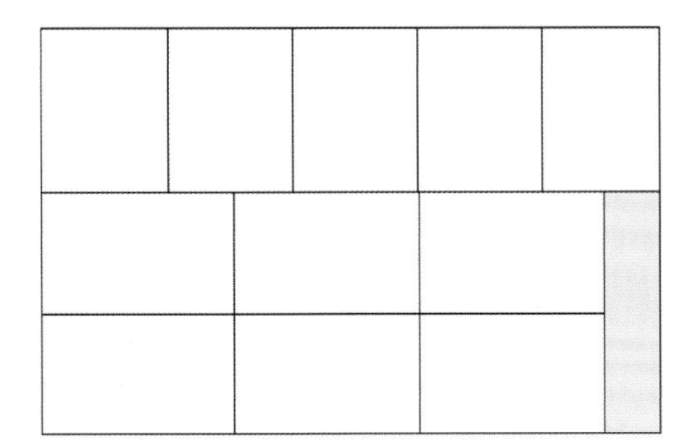
图 4-8 混合开切法

书籍的开本一般在版权页上有所体现，如版权页上“787×1092，1/16”是指该书籍是用 787mm×1092mm 规格尺寸的全开纸张切成的 16 开本书籍。我们国家常用的普通单张印刷纸的尺寸是 787mm×1092mm 和 850mm×1168mm 两种。通常将 787mm×1092mm 幅面的全张纸称为正度纸，850mm×1168mm 幅面的则称为大度纸。全开纸张开切成常见的有大 32 开、小 32 开、16 开、8 开、4 开，还有各色各样的畸形开本。国家为了规范开本的尺寸，曾于 1965 年和 1987 年两次发布国家标准，对常用的大 32 开、小 32 开、16 开等开本的尺寸做了统一规定。

开本按照尺寸的大小，通常分三种类型：大型开本、中型开本和小型开本。以 787mm×1092mm 的纸来说，12 开以上为大型开本，适用于图表较多、篇幅较大的厚部头著作或期刊；16～36 开为中型开本，属于一般开本，适用范围较广，各类书籍均可应用，其中以文字为主的书籍一般为中型开本；40 开以下为小型开本，适用于手册、工具书、通俗读物等。开本形状除 6 开、12 开、20 开、24 开、40 开近似正方形外，其余均为比例不等的长方形，分别适用于性质和用途不同的各类书籍。

2．开本的设计

随着人们生活方式和日常阅读习惯的改变，也随着社会交往、工作学习、休闲旅游等环境的改变和阅读方式的多元化，书籍开本也有了新的变化，如图 4-9 和图 4-10 所示。

图 4-9　书籍开本设计

符合书籍内容以及适应读者需要始终应是开本设计最重要的原则。如中国画以狭长的条幅形式居多，为体现中国画的民族特色，所以通常采用长方形的开本；有文化价值和收藏价值的书籍一般选用 16 开的大开本，这种开本能给人一种庄重大方的稳重感，诗歌、散文等抒情类的书籍，则多选用 32 开甚至更小的开本，其清新秀丽之美使读者拿在手中便觉轻松闲适；中小学教材、幼儿读物，以及文学书籍和工具书等，多采用 32 开本；儿童读物和摄影、绘画类艺术书籍由于图片较多，一般多使用正方形或扁方形的开本，如图 4-11至图 4-13 所示。

图 4-10　韩家英设计的《海平面》杂志

巧妙而独特的开本设计不使书

籍在还能够达到形态上让读者耳目一新，由其形态对书籍内容的含蓄提示并而带来的阅读趣味，如图 4-14 所示。1972 年获国际安徒生奖的《月光男孩》采用了 335mm × 120mm 开本，长宽比例为 3 ∶ 1，给人一种非常狭长的感觉，这种比例的选取恰到好处地体现了该书内容，符合故事情节的展现，得好好地展现出故事主人公的整个坠落过程。又如比特丽克斯 · 波特的《彼得兔的故事》，小开本的图画书，145mm × 110mm 这个小尺寸是专为孩子们而设计的，因为它正好可以让孩子自己拿在手上阅读，如图 4-15 所示。可见书籍设计离不开好的开本设计，有利于不同读者阅读的开本就是美的开本。

图 4-11　郭天民设计的《书前书后》

图 4-12　书籍开本

图 4-13　《旧墨记》

图 4-14　《*Changing Platforms*》

图 4-15　《彼得兔的故事》

4.2 书籍装帧的构成要素

书籍装帧设计讲究书籍的整体设计，它包括的内容很多，如图 4-16 所示。这里为了便于理解，将逐一介绍书籍装帧的各个构成要素。

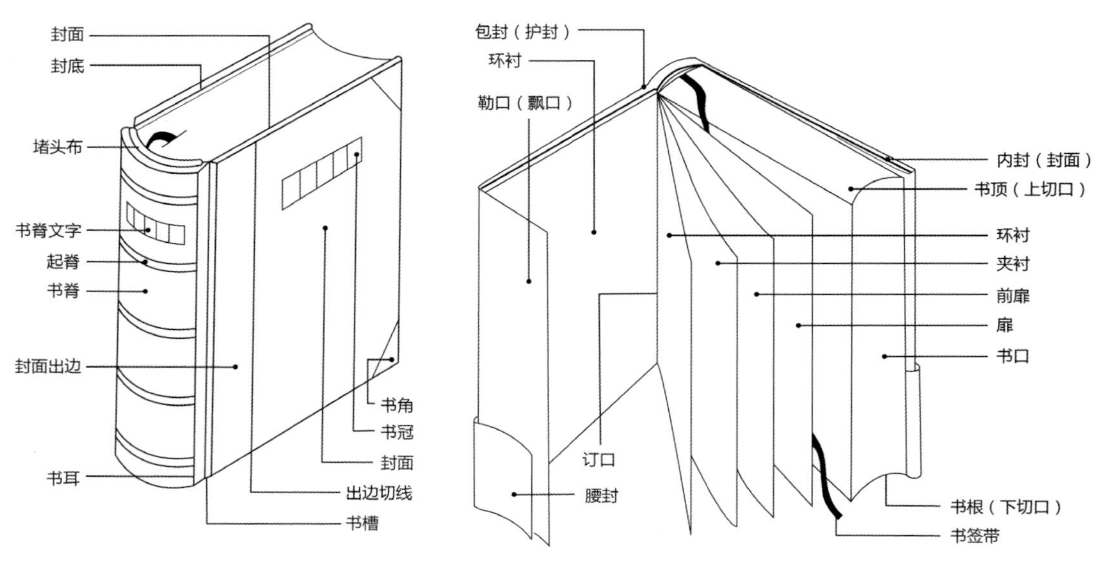

图 4-16　书籍各部分名称图示

1. 封面

封面亦称书衣，狭义的封面是指书籍的首页正面，广义的封面指包裹在书心外面的整个表层，即前封、后封、书脊等。封面是展现书籍内容的首要空间，在书籍装帧设计中占有极其重要的地位，它承载着保护书籍、传达书籍信息内涵、加强宣传促进销售的功能。书籍由于内容和用途的不同，通常分为平装书和精装书两类。

1）平装书封面

平装书的封面一般由前封、后封、书脊三部分组成，在此基础上加上勒口，如图 4-17 所示，就可以称为半精装书籍。

前封指书籍的首页正面，通常印有书名、作者名和出版社名等文字信息，如图 4-18 和图 4-19 所示；和前封相呼应的便是后封，也称封底，印有出版社标志、条形码和定价等，图形多为封面视觉元素的延续。书脊是连接前封和后封，使书籍成为立体形态的部位，书名、作者名和出版社名等文字信息会在此得以延续，便于读者在书架上查找；勒口是指在前封和后封的切口处留有一定尺寸的面积并沿书口向里折叠的部分，勒口的宽度视书籍整体设计需要和纸张规格条件而定，一般为 5～10cm。根据设计需要，勒口上通常可放置作者简介、书籍内容提要、简短的内容评论、系列丛书的全套书名等文字信息，以及引导视线流动的视觉元素。

2）精装书封面

相对于平装书，精装书的封面就更为考究，从材质上可分为软封面和硬封面两种。

图 4-17 书籍勒口设计

图 4-18 韩家英设计的双封面书装

图 4-19 《中国古镇游》

软封面采用高质量的纸张，大于书芯 2～3mm 以更好地保护书籍；硬封面则是把纸张、皮革、织物等材料裱贴在硬纸板上并辅以压印和烫金、烫银等特种印刷工艺，彰显书籍的高贵大气。有护封的封面在设计上可以简洁些，达到变化的效果，同时又因为封面运用了亚麻布、漆布、皮革等装帧材料和印刷工艺的缘故，故采用简洁的表现形式。精装书的书脊分为圆脊和平脊，圆脊书优雅饱满，如图 4-20 所示。平脊书挺拔而具有现代感，如图 4-21 和图 4-22 所示。

图 4-20 《王羲之书法》

图 4-21 余秉楠设计的《狱中的信》

图 4-22 《*The Designs Republic Versus Idea Magazine*》

腰封，也称书腰，是加在护封或封面以外的一般高约 5cm 的“腰带”。用来刊登书籍广告和有关书的一些补充内容，和封面相互呼应，其设计不应影响封面的整体效果。此外，对于由多部分册组成的书籍，腰封的存在能使书籍浑然一体，如图 4-23 和图 4-24 所示。

图 4-23　腰封的设计

图 4-24　Bohatsch Graphic Design 设计的《*Delugan-Meissl*》

2. 订口、切口

书籍书芯被装订的一边称订口，订口的装订可分为骑马订、平订、锁线订、无线胶订、活页订等多种方式。

切口是指书籍除订口外的其余三面切光的部位，分为天头（上切口）、书口（外切口）、地脚（下切口），不带勒口的封面三边切口一般应各留出 3mm 的出血边供印刷装订后裁切光边用。当人们翻阅书籍时，切口在以六面体形态存在的书籍中成为人们视觉的中心，随着书页的翻动，切口处形成流动的空间，产生意想不到的视觉变化，如图 4-25 和图 4-26 所示。如某本乐谱书，每页书的外侧边都被刻意裁切成不规则的齿状，像被撕过一样，有一种怀旧的感觉，参差的边线和书内跳动的音符相呼应，显得生动而和谐。此外，从功能的角度看，合理的切口设计可以起到提示读者的作用，如图 4-27 所示。如常见的工具书《英汉大词典》，在切口上用 26 个不同位置的色块代表以 26 个英文字母开头的单词，便于读者查阅。

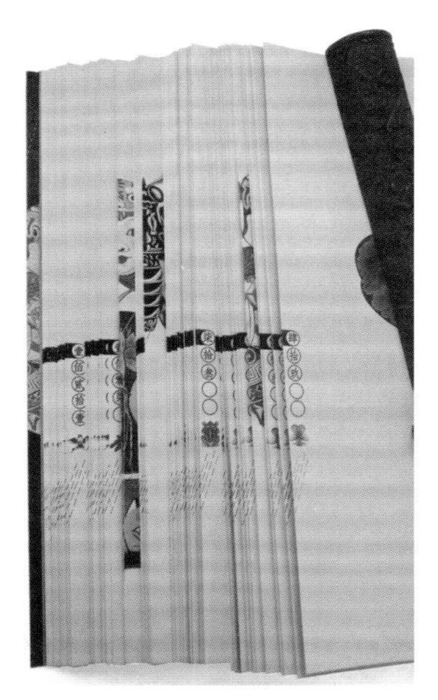

图 4-25　赵健设计的《曹雪芹风筝艺术》

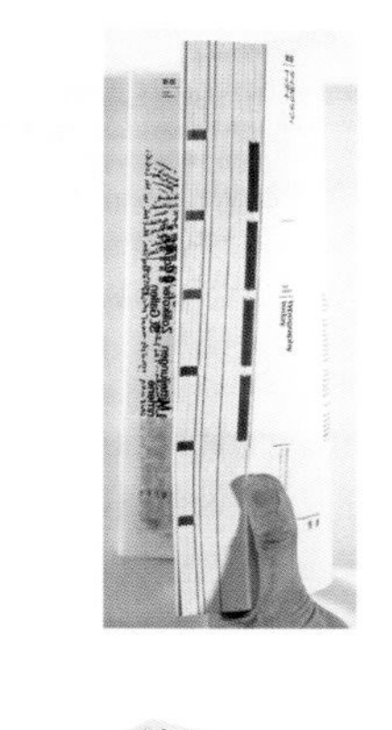

图 4-26　Bohatsch Graphic Design 设计的《*Delugan-Meissl*》

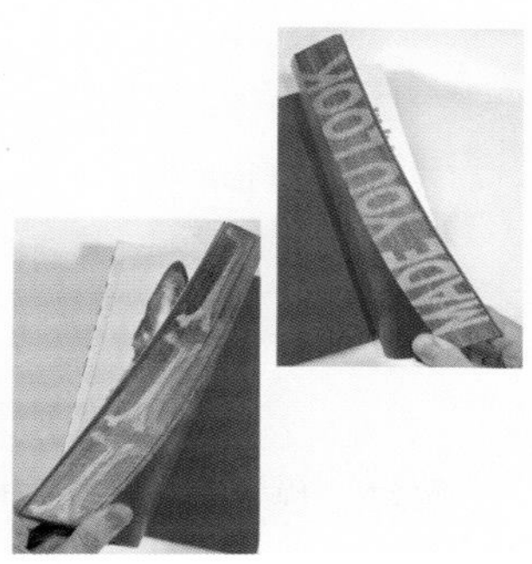

图 4-27　Sagmeister Inc 设计的《*MADE YOU LOOK*》

3．飘口

精装书前封和后封的切口大出书芯 3mm 左右的部分，用来保护书芯。

4．环衬页

封面与书芯之间的连接页，分为连接正封和扉页的“前环衬”和连接正文与封底的“后环衬”。环衬页是精装书中不可缺少的部分，有一定厚度的平装书也应考虑采用环衬，因为它能使封面翻平不起皱折，保持封面的平整。肌理、插图、图案、照片等，构思时可根据整体需要选择不同材质和色彩的纸张，把握书籍构成要素之间的节奏感和整体感，如图 4-28 所示。

图 4-28　吕敬人书籍设计

5．扉页

扉页是指封面或前环衬页的后一页，它包括书名、副标题、著译者名称、出版机构名称等。扉页承担了由封面到内容过渡的视觉节奏变换和心理缓冲的作用，好比房间内的屏风。

扉页的设计应当与封面的风格保持一致，但又要避免简单重复，从某种程度上说，扉页是封面的浓缩，但远比封面更精练，设计上宜简洁大方，如图 4-29 所示。随着人们审美水平的提高，扉页的质量也越来越好，或采用高质量的彩色纸；或采用带香味的肌理纸；或采用装饰性的插图设计等。这些对于爱书的人来说无疑是一份难以言喻的惊喜，从而也提高了书籍的附加价值，吸引了更多的购买者。

6．版权页

版权页通常在扉页的反面或是正文后面的空白页的反面，其多记载书名、丛书名、著者、编者、译者；出版者、发行者和印刷者的名称及地点；书刊出版营业许可证的号码；开本、印张和字数；出版年月、版次、印次和印数；国家统一书号和定价等。版权页文字书名字体略大，其余文字分类排列，设计简洁，有的设计运用线条分栏和装饰，起着美化画面和方便阅读的作用，如图 4-30 所示。

图 4-29 《时间的味道》的扉页

图 4-30 书籍的版权页与目录页

7．目录页

目录页通常放在正文的前一页，内容为全书各章的标题和相对应的页码，展现了全书的结构层次。

目录页的设计长期得不到重视，标题总是以宋体或黑体的横排出现，顺理成章地直排下去，毫无设计可言。事实上，目录页的标题和页码文字的设计与编排是对文字视觉美感的有效探索，同时也是全书思想感情的条分缕析，透过其设计能凸显书籍的个性特征，并具有视觉引导的功用。

8．序言、后语页

有的书籍由于需要还有序言或后语页。序言页是指著者或他人为阐明撰写该书的意义，附在正文之前的短文页。也有附在正文之后的，称为后语页、后记、编后语等。其作用都是向读者交代出书的意图、编著的经过、阅读提要、想要强调的观点，或对参与工作人员表示感谢等。

9．正文页

正文页是承载书籍主要内容的部分，由版式、版心、天头、地脚、页码、插图等构成。

版式是指书籍正文的排版格式，每个版面中文字和图形所占的总面积被称为版心。版心在版面上所占幅面的大小能给予读者不同的心理感受，应当根据书籍的不同体裁和不同内容来确定好开本和版心规格。如画册、影集为了扩大图画效果，宜取大版心，乃至出血处理；字典、辞典、资料、参考书，仅供查阅用，加上字数和图例多，所以不宜过厚，应扩大版心缩小边口；相反，诗歌、散文类书籍则取大边口小版心为佳；图文并茂的书，图可根据版式构图需要，安排大于文字的部分，甚至可以跨页排列和出血处理，并使展开的两面取得呼应和均衡，让版面更加生动活泼，给读者的视线带来舒展感。

版心之外上面的空间叫作天头，下面的为地脚，左右称为内口、外口。天头与地脚的大小比例、内口与外口不同的大小比例能够营造出书籍不同的情感。

页码是书页顺序的标记，用于统计书籍页数，便于读者检索。页码一般从正文标起，页码设计的功能便是要在阅读过程中实现它的延续性和指引性，使一本书能够秩序流畅地被阅读，并且在指导阅读之外加强版式风格的统一。

插图是指穿插在正文中，内容与正文有关的图片、插画、图表、表格等。插图插于文中，与文字相互说明，图文并茂，对读者很有吸引力。文艺书籍的插图更能形象地再现书籍的内容，因而具有一定的独立性和独创性；科技书籍的插图不仅要有说明性，也需要设计加以美化。插图的位置既要考虑全书的视觉节奏，又要考虑插图内容与文字章、节之间的配合，现代书籍插图不仅以图为主，也走向了插图的立体化表现形式，如图 4-31 所示。

图 4-31　立体书籍的插图

10．函套、书盒

函套和书盒通常用来放置丛书或多卷集书，以保护书籍，便于携带、收藏和馈赠。古代由于将一部书的多个册页包装在一起的需要，考虑加函加套，我们今天很多具有收藏价值的精装书仍采用了这一古老的装帧形式。

函套以硬纸做成，用布敷面，包在书的四面，上、下两面露在外面，称为“四合套”（见图 4-32）；若上、下两面也包起来，称为“六合套”，在书籍开启的地方，挖成环形、云纹、如意纹等寓意吉祥的造型可以增添书籍传统艺术特色。

书盒又称匣，以木做成，其形式和开启方式各有不同，以抽开的居多。吕敬人设计的《西域考古图记》（图 4-33）、《废墟与辉煌》（图 4-34）便采用了书盒这一形式，前者上雕刻的曼陀罗图像暗示了书籍的地域内容。

除了对传统的函套、书盒形式的继承外，设计师们往往还借用这两种形式，在结构和材料上有所突破，从而使得这种函套、书盒形式具有了现代气息。

图 4-32　四合套

图 4-33　吕敬人设计的《西域考古图记》

图 4-34　吕敬人设计的《废墟与辉煌》

“纸的折叠、裁切和装订”，在此基础上形成了现在所定义的封面、封底、书脊、护封、环衬页或扉页以及一页页的正文，它们有着自己相对的独立性和局限性，都基于自己的平面而存在。但是，如果把它们装订在一本书内，那么它们在整体的表达方式上已从二维平面转变成一个三维空间的实体。剥离书籍表面的一切装饰，从纯粹的构成形式上来看，这个三维实体有六个面、八个角点、十二根边线，可以根据这些基本元素进行变形、分割、组合以获得更多造型的构成形式，拓展书籍形态的隐性空间结构。如图 4-35 为现代函套设计。

图 4-35 现代函套设计

11．书签

1）书签的功能

书签是一种固定的、夹在书里用于区分读书进度的标志物。最初的功能是方便阅读，发展到现在，书签的功能已不仅仅是方便阅读，它既是藏书票，更是艺术品，同时还起着广告宣传的作用。新颖而又有内涵的书签增添了读者读书的乐趣，减轻了视觉疲劳，在书签停顿的地方，我们的思维也因为阅读的文字需要暂时的停顿，我们会凝视书签，开始对文字的深层思索和对自我思想扪问。这个时候，书签成为精神提升的台阶，是人们读书时的贴心侣伴。

2）书签的材质

书签作为一种文化用品，有其独特的广告效应，可识别性、新奇和长久的广告时效性，这些特性使书签在这一领域独占鳌头。书签的种类千变万化，一支笔，一枚硬币，甚者一张纸都可以用来当作书签，随着书籍本身的变迁，书签的质地也在不断发展变化。现在的书签常见的有木质的、纸质的、金属质地等很多种，如图 4-36 至图 4-42 所示。如有一种香木书签，夹在书中，日久生香，书香和木香交织回旋，读着赏心悦目的文字，嗅着清淡缭绕的木香，极为舒适惬意。

读不同的书搭配与其相同风格的书签，书签材质的选择也更为自由。对儿童而言，明媚可爱的木制卡通书签是孩子可爱的阅读伙伴，如图 4-38 所示；手工的绣花和编织书

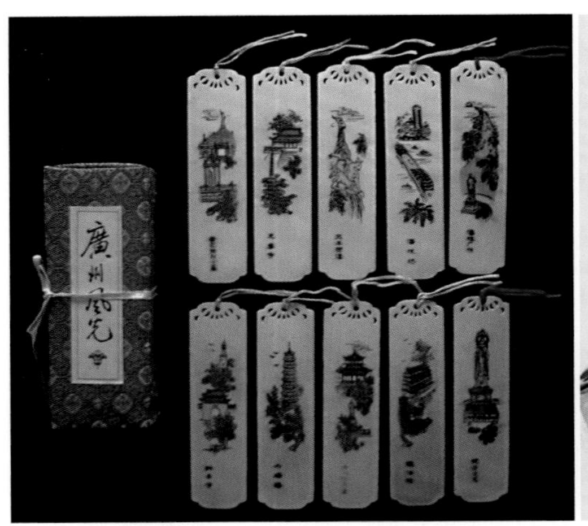

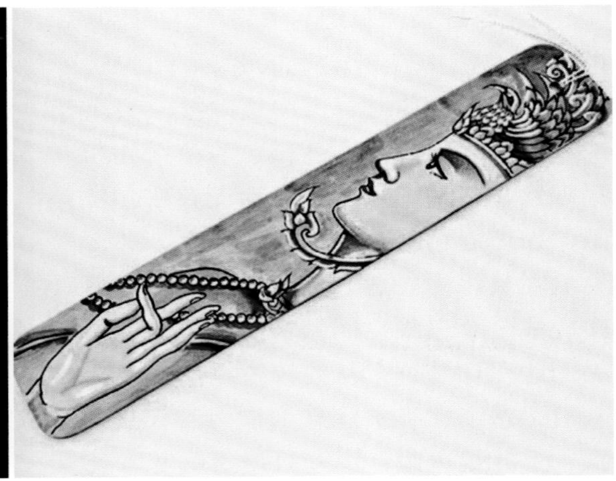

图 4-36　木制书签

图 4-37　金属书签

图 4-38　卡通木制书签设计

图 4-39　编织书签

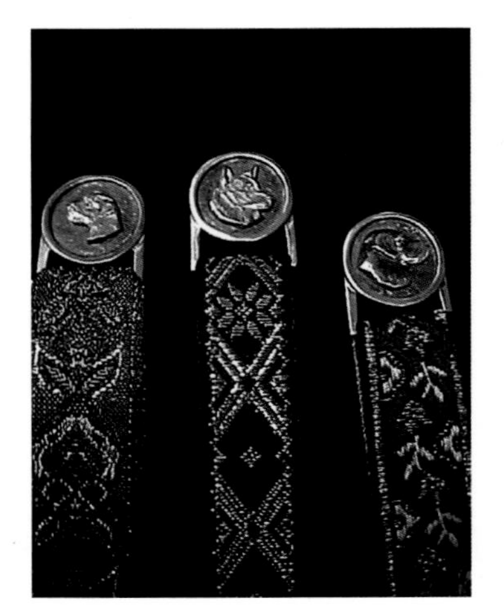

图 4-40　皮革书签

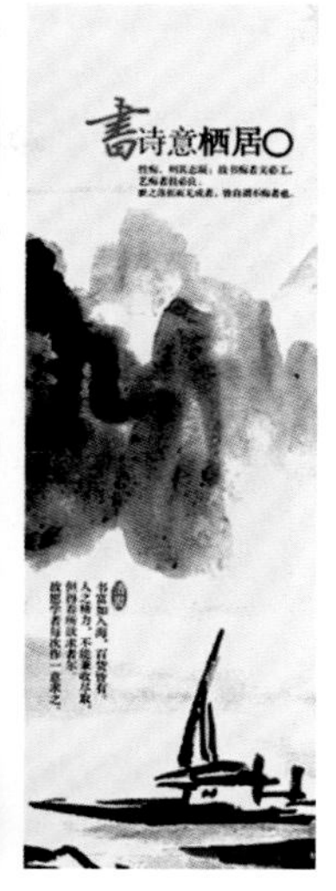

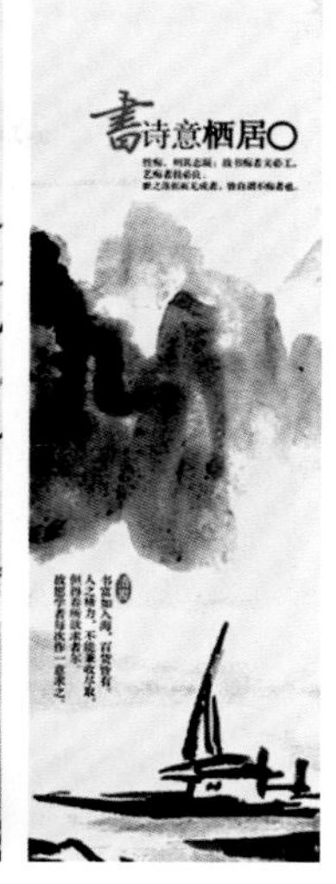

图 4-41 《书　诗意栖居》的书签

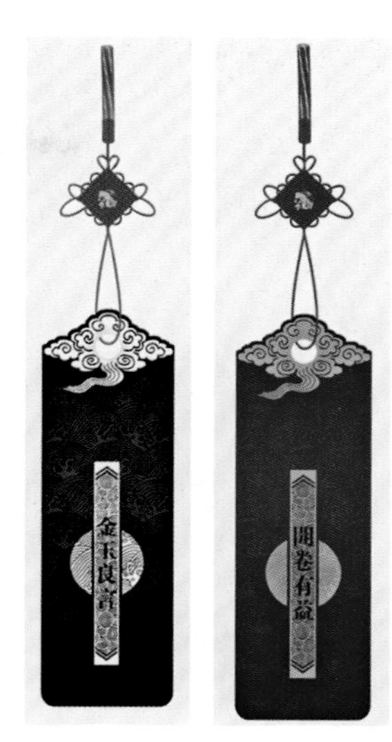

图 4-42 以中国古人格言为题材的书签

签有别样的温馨和风情，这样的书签可以自己收藏或是赠送他人，如图 4-39 所示；木质和皮革书签则更受男性读者欢迎，如图 4-40 所示。

3）书签的设计构思和表现

在此主要是针对纸质书签而言。纸质书签画面随意，取材广泛，从其功用性可以简单分为以下几种。

（1）修身养性型。修身养性，书籍为伴。书籍为我们提供了无限广阔的视野，读一本好书如同和高尚的人说话，因此以格言警句和诗歌为题材的书签实际上是对书籍启迪和教化人类这一功能的一种延续。

图 4-41 书签的标题为《书　诗意栖居》，通过诗词和水墨山水画点名主题，设计简洁，诗情画意，体现中国民族特色。同样也是提倡读书主题的书签，以中国古人格言“金玉良言”“开卷有益”为题材，中国结方便寻找书签位置（图 4-42）。图 4-43 是用图形创意的方法表现了“书是人类的精神食粮”这一主题。

（2）广告宣传型。随着时代进步和社会经济发展，书签的长久性往往使得它成为一种新的广告载体的形式出现，被赋予了商业使命。它不仅承载各出版社的形象广告，而且能借助书签达到广告宣传的目的，如图 4-44 和图 4-45 所示。

图 4-43 以“书是人类的精神食粮”为主题的书签

图 4-44　世界文化遗产广告书签

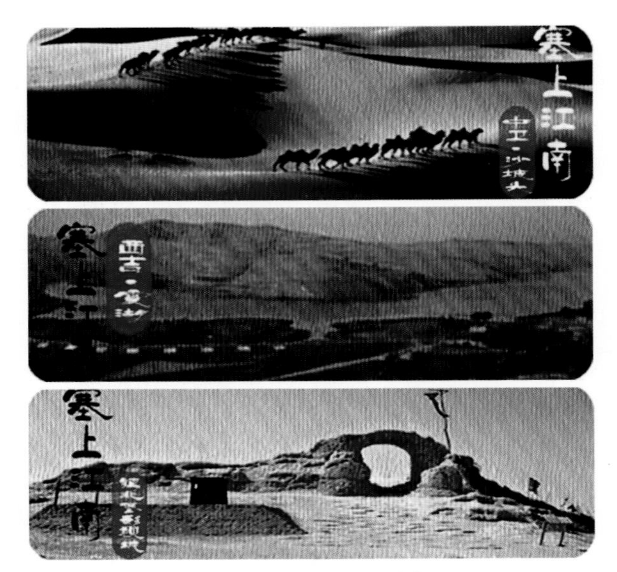

图 4-45　《塞上江南》

此外，与书籍内容相关的主题为表现对象的书签也较为常见，它往往和书籍共同构成一个整体。在题材上可以是书中某段有代表性的话语，或是作者对本书创作构思过程的感言，引起读者兴趣；如果是系列书籍，可以是系列书籍的书名字，起到巧妙的宣传作用，如图 4-46 所示；它还可以是书籍封面设计元素的延续，给人强烈的整体感，或是书籍中出现的人或物。

（3）实用型。书签除了最基本的便于阅读的功能，我们还可以让它作为更实用的物

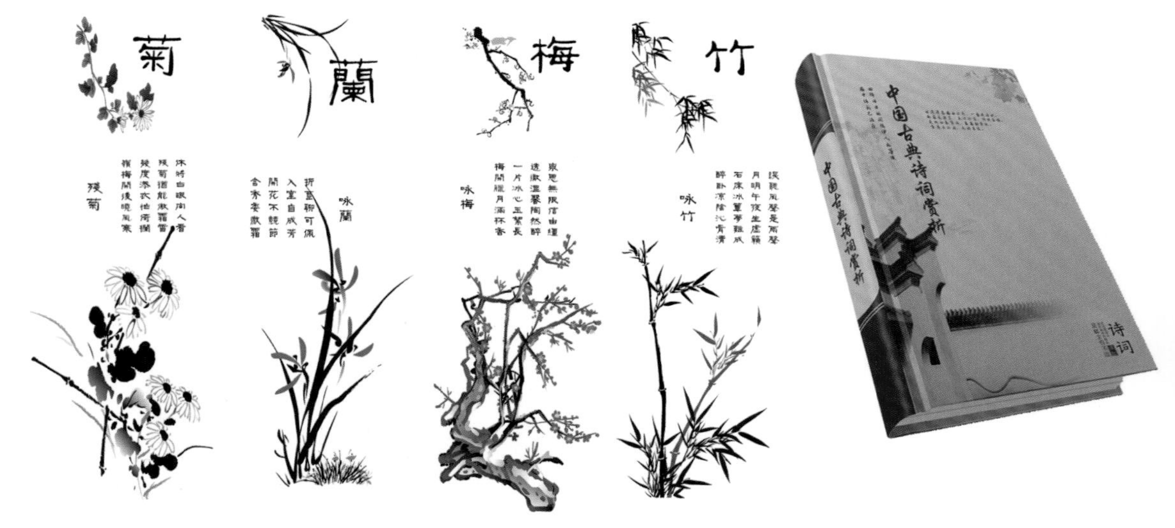

图 4-46　《中国古典诗词赏析》系列

品存在于我们的生活中，为我们提供多功能性和便捷性，如日历、十二生肖、十二星座相关内容的书签题材，如图 4-47 所示。通过小小创意还可以让书签体现人性化的一面，如专为盲人设计的盲文书签。图 4-48 书签用字母和标点组成各种表情，表示书中有悲欢离合，喜怒哀乐，当你合上书的一刻，你应该记录和留住这一瞬间的感受，与书形成密切关系，同时书签下面提供盲文凸点，供盲人使用。

图 4-47 实用型书签（一）

图 4-48 实用型书签（二）

4）纪念收藏型

书签是社会的缩影，历史的镜子。重要的事件和历史性画面会在书签上得以体现，如“文革”时期的书签，从内容、形式、材料、印刷、发行上都有其鲜明的时代特征，是有史以来将个人语录、肖像用于书签上最多的一次。现在成为书签收藏市场最活跃的品种，具有很高的艺术性和欣赏性，是难得的收藏品种。

因此，以一些有特殊纪念意义的事件或活动为题材的书签，留下深刻的时代印记，深受大家喜欢，如图 4-49 所示。例如为 2008 年北京奥运设计的书签，作品用中国古代

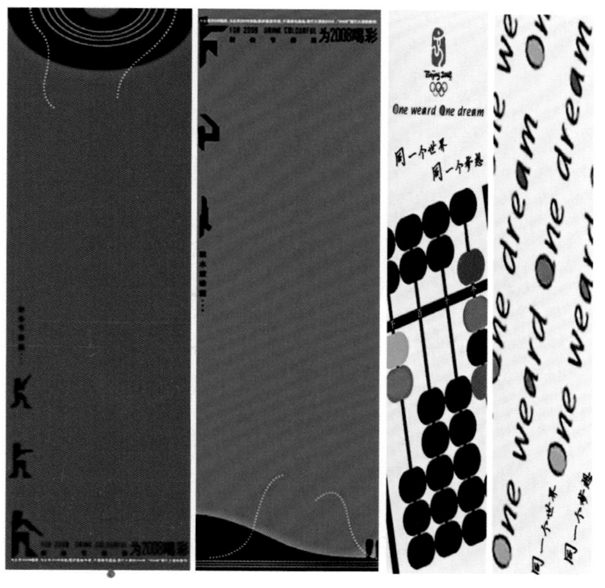

图 4-49 纪念收藏型书签

的乐器为创作元素，体现“喝彩”，作品主图形上方或下方绘制运动人形，将运动和乐器结合在一起。

本章小结

书籍开本是决定书籍立体形态及由这个形态带给人们不同心理感受的重要因素，也是我们在设计书籍时要面对的第一个课题。符合书籍内容需求和读者需要的开本设计，能使书籍成功一半。书籍的构成并非是一成不变的，在设计构思时可以打破对其形态的固有思维模式，对书籍形态进行大胆的探索和尝试，创造出符合书籍内容的新的形态。

习题

1. 书籍开本设计的原则是什么？
2. 如何理解书籍装帧的构成要素与整体性设计？

第五章

书籍装帧设计语言

5.1 书籍装帧与构思方法

1．构思的整体性原则

书籍作为一个六面体的空间造型艺术，通过多种元素组合而构成一个完整的形态，如开本，视觉元素（图形、文字、色彩），材料，印刷工艺和装订方式等，各元素之间存在着相互制约又相互协调的关系。以图 5-1 所示书籍《怀珠雅集》为例，采用了传统的线装形式，订法自由随意，与书名处用纸的毛边设计相得益彰，凌而不乱。传统的装订方式和纸张的粗糙材质使得书籍华丽而不张扬、古朴而厚重。

图 5-1　吕敬人设计的《怀珠雅集》

在构思设计的过程中，首先应当遵循“整体—局部—整体”的原则，根据立意来完成书籍开本的确定，选择贴合主题的视觉元素，对不同纸张质感的材料合理运用，对印刷工艺与装订形式的选择要综合构思，做到“意在笔先”。

2．构思的定位性原则

所谓定位设计是指目标明确的设计，就是依照已有的基本条件，针对特定读者而进行的设计。书籍作为流通于消费市场中的一种商品，要求它的装帧设计既要有广告的特点，又不能失去书卷气；既要有引人注目的、强烈的视觉效果，又要符合图书内容的精神实质，因此需要根据书籍的不同体裁内容来与读者对象进行构思定位，从而赢得读者的青睐。

以儿童书籍为例：儿童图书宜采用柔和的纸质甚至布料为材料，字体活泼醒目、色彩鲜艳，如图 5-2 至图 5-4 所示；图书除了吸引注意力外还需要传授知识，启迪心智，因此在构思时需要将知识性和趣味性体现出来，如图 5-5 所示。

3．书籍装帧的构思方法

书籍装帧的艺术性表现在对书籍内容的体现上，书籍装帧是把逻辑思维转换为形象思维的过程。就书籍设计而言，并不是设计语言越多越好，也不是设计手法越新越好，关键是通过设计语言所传达的信息，营造出一种感觉、一种气质、一种文化氛围。鲁迅、丰子恺、陶元庆、闻一多等老一代艺术家的装帧作品，在表现技法上并没有惊人之处，但所营造的文化氛围却很浓。时至今日，仍可称为装帧设计的经典之作。

图 5-2 儿童书籍设计（一）

图 5-3 儿童书籍设计（二）

图 5-4 儿童书籍设计（三）

图 5-5 儿童书籍设计（四）

因此，在构思过程中对于书籍的理解是其出发点，也就是立意基础上的构思，“意奇则奇，意高则高，意远则远，意深则深。”立意不是书名的片面图解或是图片的拼凑，而是通过对书籍所有元素的整体性设计。

需要强调的是，对设计素材的构思并非仅仅是指单纯的视觉符号，相反构成书籍的任何元素都可以成为立意点和创意点，如独特的装订方式、巧妙的书籍结构等。如书籍作品《*Super: Welcome to Graphic Wonderland*》（图 5-6）的封面，护封为鲜亮的荧光色，并在上面模切出书名，漂亮的镂空字体一直延伸到书脊，显露出了漂亮的装订线。设计者没有用传统的方法将装订线隐藏起来而是把它作为书籍的一部分呈现给读者。现代书籍设计正面临着新技术的强烈冲击，数字化、边缘化、个性化的设计观念正在积极影响着人们对书籍的认识，书籍设计只有做到书籍的内容与形式、平面与立体、技术与创意的统一，才能全方位体现书籍设计的整体美。

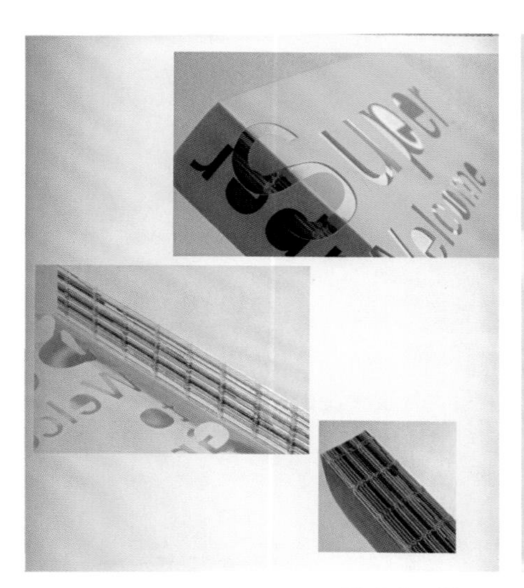

图 5-6 《*Super: Welcome to Graphic Wonderland*》

5.2 书籍封面表现形式

1. 书籍封面的构成要素

书籍装帧设计中，封面是最先呈现在读者面前的元素之一，书籍封面设计是传达书籍内涵信息、承载书籍形象，可以起到激发读者购书、读书的兴趣。文字、图形和色彩是封面设计的三要素。有的封面设计以文字为主体，纯粹通过字体的艺术性和审美性表现书籍的内容和格调；有的书籍封面主要以图形或者色彩取胜，从而达到一种异样的效果，如图 5-7 至图 5-12 所示。

图 5-7 异型开本装帧设计

图 5-8 《装帧之旅》

图 5-9 封面构成要素——字体为主

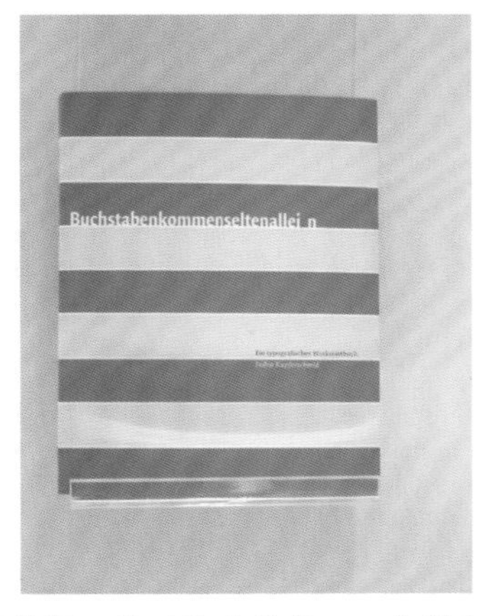

图 5-10 封面构成要素——色彩为主

图 5-11 封面构成要素——图形为主

图 5-12 《台湾老地图》

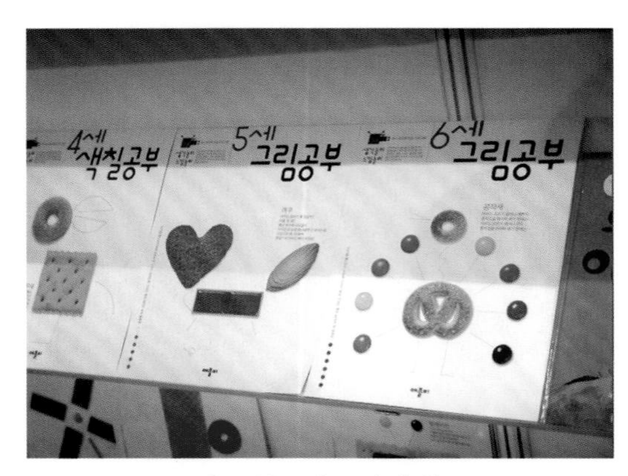

图 5-13　少儿类书籍

书籍封面除了文字、图形、色彩三个构成要素外，还有其独特性。封面设计必须为书籍的内容服务，受到书籍内容的制约；封面设计具有相对的独立性，有它自身存在的价值；由于一本书的立体结构使得封面经常处在辗转的运动状态，这种运动主要表现在供人们翻阅上；封面设计要考虑书籍的整体形态，与环衬、扉页、版式要内外协调，风格一致；封面设计要与印刷工艺和装帧材料结合（图 5-13 至图 5-15）。

图 5-14　《曹雪芹扎燕风筝图谱考工志》

2．书籍封面的构图

封面设计的构图，是表达立意的语言。所谓构图，就是立意在封面上的形象体现，即用形象的布局来构成一个协调完整的画面。一幅好的封面构图，能够充分表达作者的艺术情感和创造的意境，构成有意味的形式。

1）对比与调和

对比是将视觉元素做强烈对照的一种手法，有利于更鲜明地刻画和突出事物的特点，对读者的视觉产生冲击力。在书籍封面中，无论字与字、形与形、字与形、形与空间，都存在对比关系，如主次、大小、虚实等对比。调和是在视觉元素之间寻找相互协调的因素，也就是在对比的同时产生调和，缓和了对比产生的强烈冲突，创造了视觉上的和谐效果，如图 5-17 所示。

图 5-15　《红楼梦》

2）均衡与对称

对称指各视觉要素以某一点为中心，取得左右或上下同等、同量的平衡，其特点是严谨庄重、井然有序。一些书籍为了营造严谨庄重的气氛，如艺术画册、经典文学、学术著作等，往往会采用这种构图形式。均衡指各视觉要素以某一点为中心，左右或上下同量不同形的安排。由于对称构图容易造成拘谨单调的感觉，均衡就变

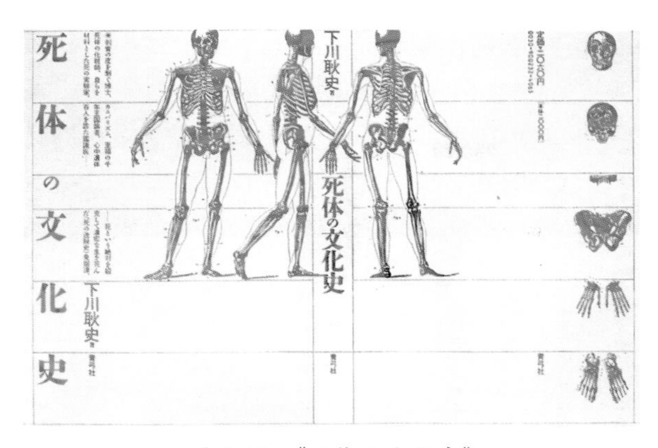

图 5-16 《死体の文化史》

图 5-17 书籍封面的构图（一）

得非常有必要，均衡的形式富于变化和趣味性，与对称相比，具有生动活泼的视觉效果，如图 5-18 和图 5-19 所示。

图 5-18 董振威设计的《世界文化遗产全记录》

图 5-19 书籍封面的构图（二）

3）自由

自由是指一些运用非规则的方法对视觉要素进行编排的构图方法，完全依赖于人对视觉形象的直观判断。如将图形以无序混杂的形式组合，随意将文字或图形散点式地展开等，如图 5-20 是设计师追求个人情感表现的有效方式。

4）虚实与留白

空间与形体相互依存，每一个形体在占据一定的空间后，还需要一定的虚空间延伸实体形态的动态与张力。《二维设计基础》的封面即是同一形体在同一空间中由于大小、位置不同而形成的虚实对比关系，会给人们带来完全不同的情感体验：有的中庸稳重、有的空灵悠远、有的饱满冲击、有的可爱活泼，如图 5-21 所示。因此，留白对于突出主体、营造意境有重要的作用。这种以虚衬实、虚实相生的关系成为视觉元素空间布局的重要手段，画面构图均衡而不呆板，张弛有致。留白较多的封面，赋予书籍高雅的格调和气息，如图 5-22 和图 5-23 所示。

图 5-20　书籍封面的构图（三）

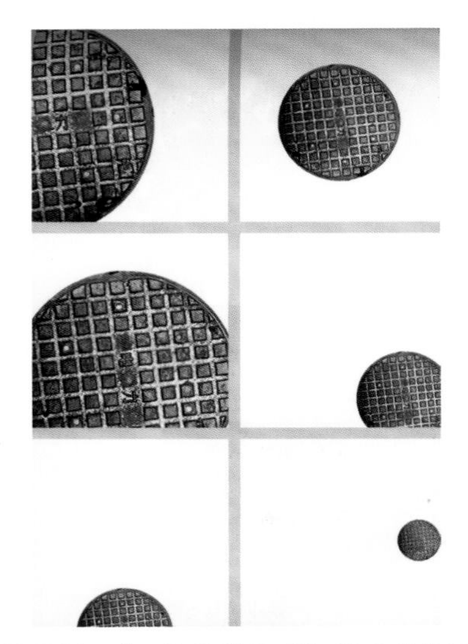

图 5-21　《二维设计基础》封面的构图

图 5-22　书籍封面的构图（四）

图 5-23　书籍封面的构图（五）

5.3 文字、图形和色彩

1. 文字

文字不只是单纯的识别或阅读的符号，而是一种有效的情感宣泄的载体，汉字由于是一种借助自然物启示的内在仿生创造，所以汉字本身的生命感更强烈，它所表达的情感与意向比抽象绘画更容易被人们所感知和理解。汉字字形所富含的“形象”特征，既有利于识别字形，又能给人丰富的意象联想和审美的愉悦。

书籍装帧中的文字有三种意义：一是书写在表面的文字形态，二是语言学意义上的文字，三是激发人们艺术想象力的文字。

汉字造型本身就是一种指意符号，有绘画般的感染力和审美作用，即所谓的“书画同源”，包蕴着中国人的情感体验和哲学思考。因此姜德明曾说：“中国的汉字可以作为书籍装帧的重要手段”。设计师韩家英为《天涯》杂志所做的系列设计，如图 5-24 所示，就是以汉字为设计元素，清新、纯粹而洗练地表达出深厚的东方文化和哲学思想，产生了很大的影响。

图 5-24 韩家英设计的《天涯》杂志

每一种文字都是有其性格特征，黑体强壮有力，宋体端庄典雅，仿宋秀丽挺拔，楷体清新愉悦，幼圆体圆润饱满，行书奔放自由，各有神采。对于书籍封面的书名、作者名、出版社名等文字元素，选择何种字体要多做比较与尝试，通过字体的个性特征来传达书籍的内涵和情调。如儿童读物，应选择舒适柔和的楷体、圆润有亲和力的圆体及活泼、新奇的艺术字体，如图 5-25 和图 5-26 所示；古典书籍，要体现其古朴、幽香及独特的人文气息，可选择端庄儒雅的隶书，或典雅大方的宋体，如图 5-27 所示；同为宋体字家族中的长宋、中宋和仿宋由于横、竖笔画的粗细对比适中，因而显得精致秀丽，更适合内容闲散的书籍，如图 5-28 所示。

在这些文字元素中，书名字可以说是最重要的文字对象，甚至往往成为书籍封面的主要形象。但是，常见印刷字体的广泛运用使得其自身缺乏新鲜感，平庸而乏味，因而真正的设计师是不满足于电脑字库中现有字体的，而是乐于创造独一无二的新字体或是

图 5-25　儿童读物封面字体设计

图 5-26　《*THREE LITTLE WITCHES*》

图 5-27　书籍封面字体设计（一）

图 5-28　书籍封面字体设计（二）

对现有字体进行再设计。在字体设计的过程中释放着个人对书籍内涵的理解，张扬着个人的审美趣味并传达给读者，赋予书籍鲜活的生命力，以引起读者的强烈共鸣。如图 5-29 所示，图形化的书名字体设计，使书籍看上去简洁明快且别具特色。

另外，将书法用于封面一直是装帧设计师乐于表现的形式之一，有时一枚红色的名章就能使书面活跃起来。刘墉的散文《萤窗小语》的书名字体给人以轻盈慵懒之感，体现了散文文体阅读的轻松和闲适（图 5-30）；而《激荡三十年》的书名字体狂放不羁，仿佛将读者的思绪带到中国企业激荡起伏的三十年的发展历程中，如图 5-31 所示。

图 5-29 图形化的书名字体设计

图 5-30 《萤窗小语》的封面字体设计

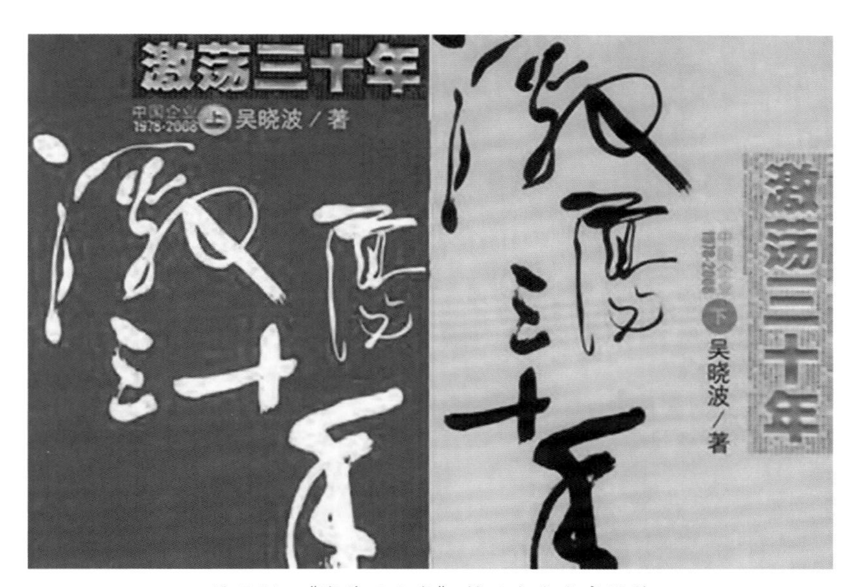

图 5-31 《激荡三十年》封面书名文字设计

目前字体的编排组合不仅是针对书名文字，同样也运用于封面上的所有文字元素，即文字群的处理，如图 5-32 所示。甚至相当多的优秀书籍，其封面完全是以文字群的编排为读者带来视觉愉悦的，如图 5-33 所示。我们知道在一个平面空间中，当设置间隔相等的点于实际并不存在的直线或曲线上时，点的有序排列便会产生线或面的感觉。文字也是如此，一个字在视觉上是一个点；一行字在视觉上是一条线；一片字在视觉上是一个面。设计师利用这种心理反应，在封面设计中将文字作为点元素，对副标题、出版社名、作者名等文字进行字体、字号的选择和字距、行距的调整及排列，可以形成强弱、虚实不同的线或面，从而产生节奏感和韵律感，丰富画面层次，如图 5-34 所示。

另外，对文字（主要指书名文字）采取或凹、或凸、或镂空、或局部上光的印刷工艺处理，不仅使读者在视觉、触觉上感受设计师想传达的情绪，其独特的形式感也使人耳目一新。尤其是精装书籍由于封面材质常常采用特殊的纸张、皮革、织物等，书名字多用烫金、烫银的特种工艺处理，简洁之中不乏华丽。现在新兴的凹凸烫印，也称三维烫印，使烫印和压凹凸工艺一次完成，提高了生产效率，同时减少了工序和因套印不准而产生的废品，如图 5-35至图 5-38 所示。

图 5-32 《移民与海》封面设计

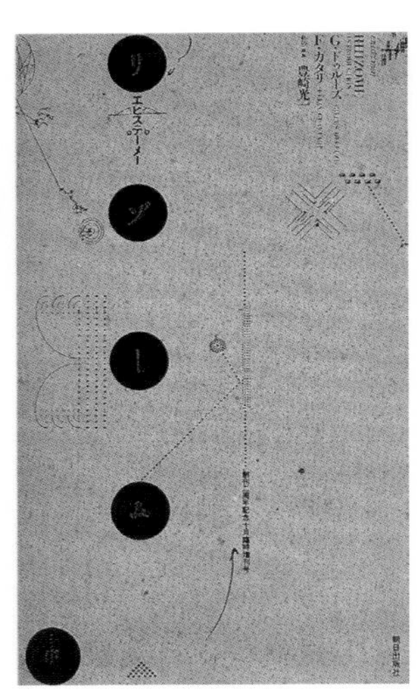

图 5-33 字体的编排 / 杉浦康平设计

图 5-34 字体的编排美

图 5-35 杉浦康平设计的《建筑与都市》

图 5-36　文字的工艺美（一）

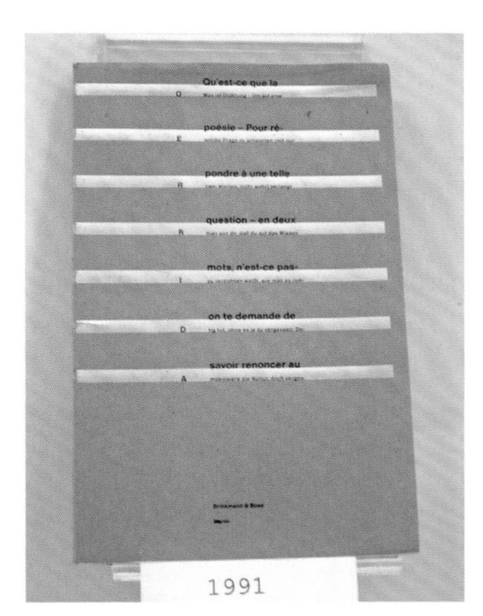

图 5-37　文字的工艺美（二）

图 5-38　文字的工艺美（三）

2．图形

早期的书籍设计，由于技术和制作工艺的限制，图形语言非常单一，大多以绘画艺术的形式呈现，图形更多的是以一种装饰美化的作用存在。科技的进步和“读图时代”的到来使得图形语言更为丰富和重要。封面设计中的图形语言，重在“尽意”，即浓缩主题而“以象生意”。其表现形式多样，如摄影图片、创意图形、图案纹样、绘画图形、电脑绘图、抽象的几何形等。

1）摄影图片

摄影图片应用于封面设计中，除了考虑与书籍内容的相关性外，其自身的艺术感染力显得尤为重要，如光影、色调、构图等，有时候一张出色的摄影图片加上适当的文字编排就能构成一幅出色的封面，如图 5-39至图 5-41 所示。

2）创意图形

创意图形是通过可视的视觉形态来表达创造性意念的一种说明性的视觉符号，也就是设计师通过想象、联想等创新性思维创造出的“有意味的形式”，具有趣味性、象征性和符号性。封面中的创意图形来自对书籍内容更深层次的思考，这种思考结果与图形创意的语言相结合便产生了使读者觉得新奇、巧妙的视觉语言。如《新青年文丛》系列书籍设计设计者采用了“椅子”这一形象为基本元素，“椅子”借以体现思考和交流的理念含义，如图 5-42 所示。

图 5-39 《*WORLD ART——Africa*》

图 5-40 《*FOUR CENTURIES OF SILVER*》

图 5-41 《*My Soul Has Grown Deep*》

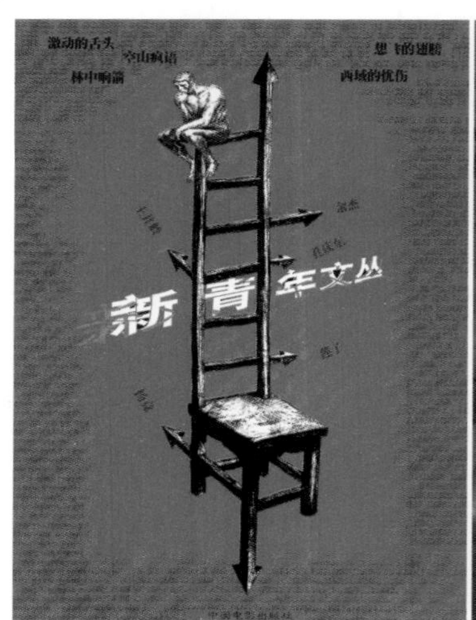

图 5-42 刘嘉楠设计的《新青年文丛》

3）图案纹样

中国的传统纹样大都出现于器物与服饰，有几何纹、动物纹、植物纹、云纹、水纹、火纹等，或纯正质朴，或典雅秀丽；而剪纸、年画、刺绣等民间艺术，形态的拙、朴、稚，色彩的纯、艳、喧，都是非常值得借鉴的设计语言。中国当代书籍设计，尤其是高品位书籍，巧妙、合理地运用图案纹样（图 5-43），对烘托书籍的文化气氛，增强书籍的书卷之气，表达内容主题，以及弘扬民族艺术都有极大的帮助。

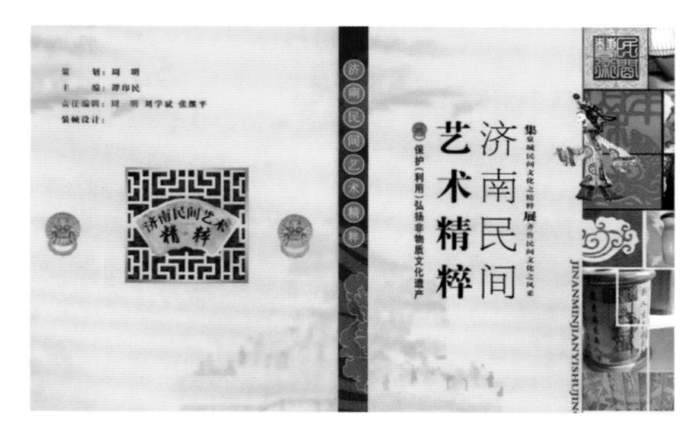

图 5-43 《济南民间艺术精粹》

4）绘画图形

书籍装帧与绘画是两个各具特色而又紧密相连的艺术种类，绘画图形在封面设计中的应用，使书籍具有强烈的艺术性和亲切感，如图 5-44 至图 5-46 所示。不同的绘画形

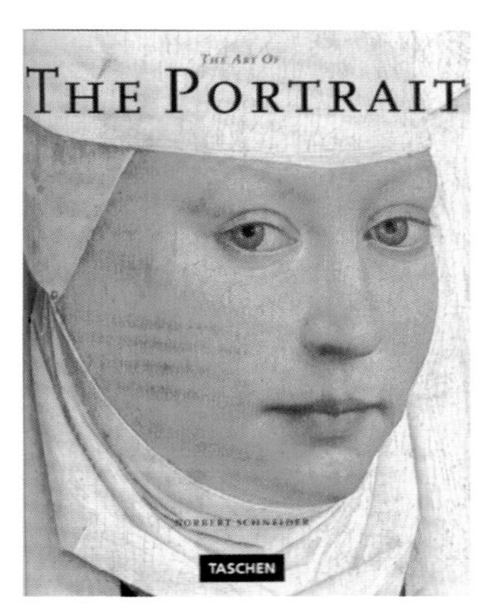

图 5-44 《*THE PORTRAIT*》

图 5-45 《追踪》

图 5-46 《*Die wunderbaren Reisen des MARCO PLOL*》

式由于绘画工具、纸张和画法的不同，具有完全不同的情感和表现力，油画的厚重、水彩的明快清丽、中国写意画的气韵生动和工笔画的精致细腻、版画的“刀味”和“木味”、漫画的俏皮幽默……可以看出，在书籍封面中，即使是同一表现题材，由于绘画形式的不同所带来的艺术效果和感染力也具有差异性。

5）电脑绘图

在书籍设计中，电脑绘图常用的软件是 Photoshop、CorelDRAW、Illustrator、Painter 等，它们所绘制的图形画面精美绚丽，风格多样，给人强烈的科技感和时尚感，深受年轻人的喜爱。例如，《玩流行》杂志的封面设计大多以 CG 绘图的形式完成，呈现出轻松、时尚和独特的品位，如图 5-47 所示，它们都引自《设计系列 • 装帧篇》。美国著名奇幻小说作家塞门葛林的最新小说《夜城》系列的封面，如图 5-48 所示，该小说结合了冷硬推理和都会奇幻的元素，设计者采用了虚幻写实的超现实主义手法，通过 CG 绘图表现出一种由现实抽离出来的奇幻气息，一种压抑的气氛和冷峻的色彩。

图 5-47 《玩流行》

图 5-48 《夜城》系列的封面

6）抽象的几何形

抽象的形态，其特征是通过设计师对点、线、面、体的安排与有效组合，形成强大的表现力，来传达情感（图 5-49）。正如人们对抽象艺术大师蒙德里安作品的评价那样："绘画的核心并不是抽象，而是某种内在的精神性追求。"在书籍设计中，抽象图形给读者带来的无限想象空间是其最大的魅力，其对书籍内涵的间接暗示以及图形本身的简单形式使得书籍封面具有简洁、明快的特点。

图 5-49 封面抽象形

3．色彩

对书籍封面而言，使用色彩的重要目的不仅在于赋予形态以视知觉上的美感，更重要的是通过对色彩以下特性与功能的了解来合理选择和搭配色彩。

1）色彩的象征性

色彩的象征性是由色彩呈现的色相、色调给予人的心理感受，从而激发读者进行联想和想象。如绿色的心理联想：鲜艳的绿色非常美丽优雅；黄绿色单纯、年轻；蓝绿色清秀、豁达；含灰的绿则是一种宁静、平和的色彩，就像暮色中的森林或晨雾中的田野那样。如图 5-50 书籍《*Girl*》是一本展示“girlieness”概念手工艺品展览的书籍，书名用明亮的粉色方格纹布的形式印在黑色背景上，方格纹布的形式也同样用在了书的封二和封三上，寓意女孩的粉色和方格纹布营造出浓郁的女性情感色彩。

图 5-50 《*Girl*》

2）色彩的装饰性

以写生为基础把自然色彩加以变换和转移，摆脱对自然色彩关系的依赖，以理想化的手法和浪漫的情调去自由运用的色彩就是装饰色彩。色彩的装饰性弱化了真实性和逼真感，强调了个性化的色彩认识与感受，加强色彩的设计意识和认识意义，由此去寻找最美的色彩因素与色彩关系，去重新组合再创造，从而达到完美的装饰效果。书籍《处处闻啼鸟》的封面色彩采用了中国传统水墨写意色彩寓意书的含义，色彩的完美搭配赋予了书籍典雅、朴实、含蓄的情感，让人一眼看去会觉得“很中国”（图 5-51）。

图 5-51　康久久设计的《处处闻啼鸟》

3）色彩的实用性

书籍封面中色彩的实用性主要体现在色彩的视觉引导性、划分阅读区域上。《*Schauwerk*》书籍封面（图 5-52）上一系列的邻近色系延伸至护封，这本书分为五个部分，每部分的页面都有相应的色标以示区别，这五种色彩起到了引导视觉和阅读提示的作用。

在封面设计中，首先需要根据书稿内容和读者对象，确定大的色彩基调也就是主色调，主色调在书籍封面上通常表现为大面积的底色或主题图形。然后选择其他的次要颜色与主色调进行搭配，通过对色相的选择及其明度、纯度的调整来共同营造书籍情调，还可以利用色彩的互补、对比关系增强书籍的艺术特色，如图 5-53 和图 5-54 所示。如

图 5-52　《*Schauwerk*》

图 5-53　色彩的互补

果说封面是书籍的灵魂，那么色彩就是这灵魂的神韵。根据不同的主题内容，通过不同的色彩搭配，就能表现出不同风格的书籍特征，变幻出不可穷尽的格调和意境。

图 5-54 色彩的对比

本章小结

书籍封面是吸引读者注意力并给读者留下良好印象的重要途径。其创意构思的优劣，在很大程度上决定着书籍设计的成败，设计师应利用联想、想象等创造性思维方法来获取尽可能多的设计创意原点和素材。文字、图形和色彩是书籍封面的三大构成要素，每个要素都有着丰富的情感和语言，既可以独立地在书籍封面中担任“主角”，又可以结合起来共同展示书籍的情感特色和内涵。

习题

1. 如何理解封面设计的艺术语言？
2. 设计一套以文字为主要元素的书籍封面，要求贴合主题，字体新颖。
3. 根据构思的定位性原则设计一本儿童读物书籍。

第六章

书籍版式设计与古籍版本

6.1 古籍印本书的版式设计

雕版印书的版式是唐朝开始出现的，并随着书籍装帧形态的发展而变化，不同的朝代、不同的时期、不同的出版单位，书籍的版式有很大的差异，版式总的发展趋势是由简单到复杂。如宋代，蝴蝶装书所形成的典型的宋版书籍版式，基本上被固定下来，直到清末才出现了线装书。

雕版印刷术发展到宋代，便进入它的鼎盛时期，印本书的版面也有了比较固定的格式。当时，由于雕版印刷术的空前发达，宋版书的版式一方面是传统版式设计的延续，另一方面也加进了新的内容。如图 6-1 是我国古代印本书版面设计，其竖写直行，保持了从甲骨文开始的书写方法。天头、地脚这些名称第一次出现，高度概括了“天”“地”的传统观念，并且都有特定的名称，如图 6-2 所示。

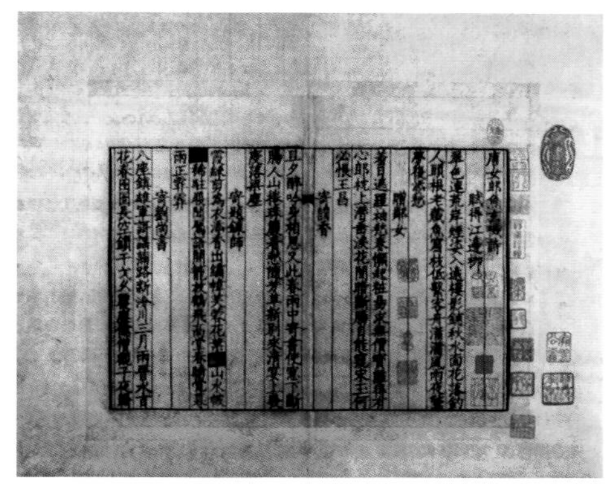

图 6-1　南宋后期临安府（今杭州）陈宅书籍铺刊《唐女郎鱼玄机诗》版式

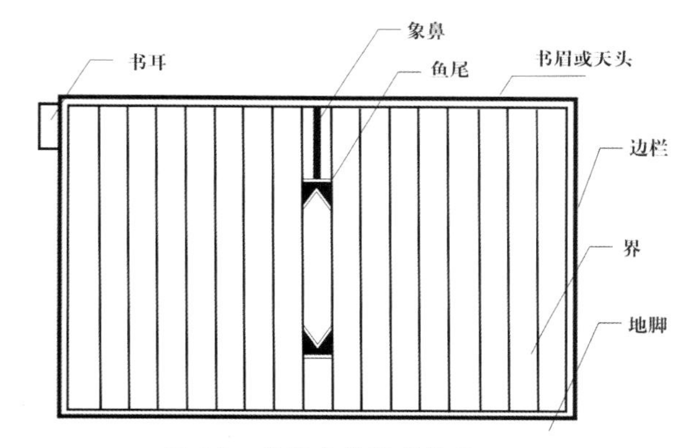

图 6-2　传统古籍雕版版式

（1）我国传统印本书籍指印纸的一面。每一张纸在中央对折，成为一页的两面。书的页面上有版框要求，版框即“边栏”，又称“栏线”，单栏的居多，即四边均是单线。印张的印刷部分与雕版（图 6-3）大小相同，称为版面。

（2）在古籍书中页面左上角印有长方形符号，称为“书耳”。

（3）版面中间折叠处称为版心。版心中央有一条黑线，有粗有细，称为象鼻，以此线为准进行折页，或有上、下相对的两个凹形尖角黑花，称为鱼尾。

（4）凹形的尖顶处为折页的标准。在版口上面的叫上鱼尾，在版口下面的也叫下鱼尾。上、下鱼尾的空白部分称为“版口”，版口也称版心，有黑口、白口之分。版心处多为两页内容的小标题、页数，也有是印本分卷的号码及题目等。

（5）书页的上下边缘空白处分别称为“天头”（一般较宽）、“地脚”（一般较窄）。

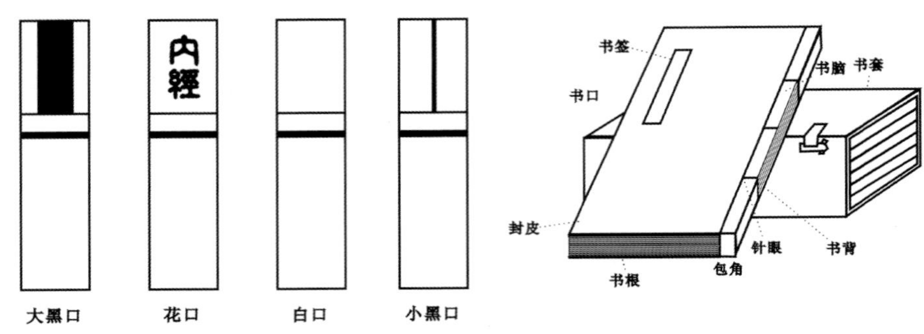

图 6-3　古籍版面构成

天头又称为“书眉”。

（6）书的每页画成行格，行与行之间有细线区分，称为“界”，每页四边均有边栏，或为单线，或为双线，栏线十分重要，没有栏线也就没有天头、地角，也就无所谓限制了。书的正文印在行内，为大字单行，书的注释或批语则以小字双行印在所注的字或句下，同在一行之内。每一页可划分 5～10 行，每行容纳 10～30 字（大小）。

（7）“书眼”，用以穿线或插钉的孔，起固定书的作用。

（8）“书脑”是各页钻孔穿线的空白处，即藏于订线的孔和书脊之间。书脑由书衣保护，翻书时书脑不能错动。

（9）“角与根”即包角与书根。书页订成一册之后，切齐沙光，右边包角。根在全书地头切齐之处，左边写书的名称与分类，以便检查和整理。

（10）“目”指书的纲目，即目录。

这些术语是中国传统印刷版本的名称，有些直至近代仍被沿袭使用。

从现存宋代的雕版刻字书体可以看出，至少使用了最为流行的欧体、颜体、柳体。欧体笔力刚劲，笔画晴朗；颜体笔画肥厚，笔意凝重；柳体笔意清秀，结构端正，字画平直，自成一体。一般来说，北宋刻本多效法颜氏书体，南宋多采用欧体。后来随着雕本印书的大量普及，产生了一种横细竖粗、醒目易读的印刷字体，后世称为宋体。

图 6-4　明代杭州容与堂刻印的《红拂记》上印有两条黑线，中右有一篆字“甲”，右边和下边为单位，正文用粗宋体。中缝用单鱼口，有的字还加括号和大圆圈、小圆圈，版面视觉效果超前，且有现代版式特点

我国传统书籍版式设计是直排，从上到下、从右到左地排列文字。一般在各章内容的编排中，内容按照由大到小，以及文字上、下分别穿插排列，将信息层次清晰地显示出来。如图 6-4 所示的

明刻本，标题顶格书写，正文较标题低一字编排；左上“城池”用黑底阴文加以表现，在版式中形成强烈的黑白对比关系；正文中对于尊者都需另起一行，抬头顶格以示尊敬；版面文字中自然留出的空行巧妙地形成空白，加强了正文“面”的整体感觉。由于元代刻本小说、杂剧、历史话本中插图数量的增加，通常每页上端约 1/3 用于插图，其下约 2/3 用于排正文。这种版式体现了插图既是装饰又帮助理解文字的作用，如图 6-5 至图 6-7 所示。清代刻本版式，一般为左右双边，也有四周双边或单边的，大部分为白口，也有少数黑口，字行排列比较整齐。以线装书为主，宫廷刻书还有经折装书、蝴蝶装书和包背装书。私家刻书版框大小不尽一致，坊间刻书多小型版本，书籍装帧以齐下栏为规矩。殿版书版框大小要求严格，装订整齐，开本大，行距宽，如图 6-8 所示。

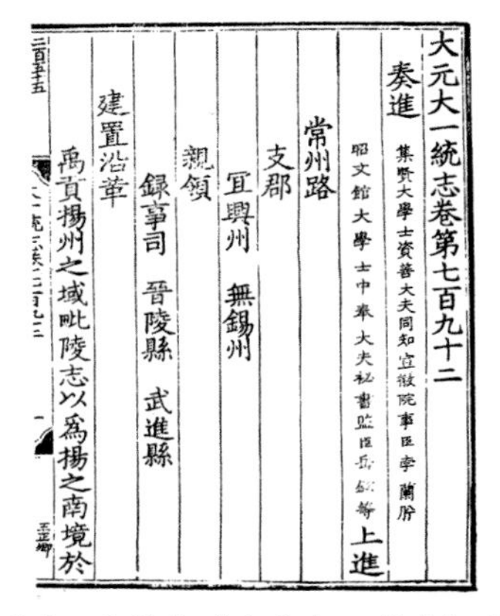
大元大一統志卷第七百九十二
集賢大學士資善大夫同知宣徽院事臣孛蘭肹
昭文館大學士中奉大夫祕書監臣岳鉉等上進
奏進
常州路
支郡
宜興州　無錫州
親領
錄事司　晉陵縣　武進縣
建置沿革
禹貢揚州之域毗陵志以為揚之南境於

图 6-5　元刻本《大元大一统志》的章节目录，文字信息依章节名、作者、章节内容的顺序从右往左排列

图 6-6　宋代复刻本《平妖传》上图下文的版式

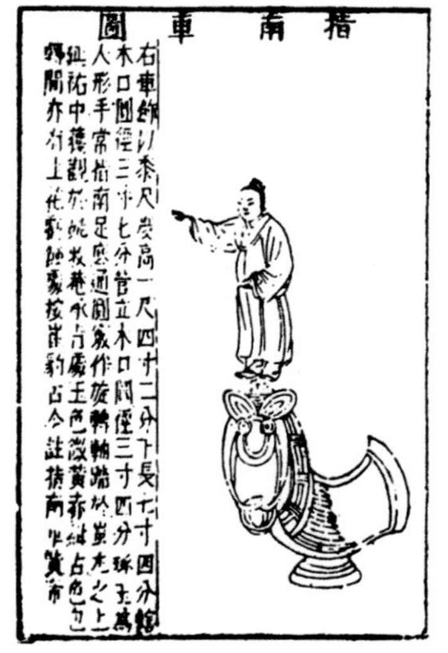
指南車圖

图 6-7　明刊本《三才图绘》中的“指南车图”，标题位于书眉，页面分纵向三栏，正文占一栏，插图占两栏，页面版式极具装饰性

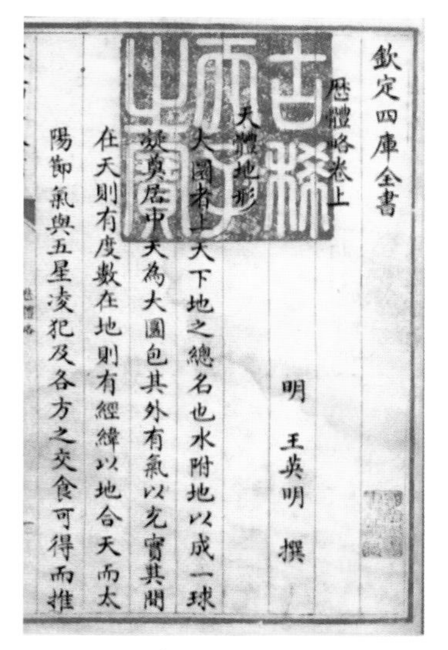
欽定四庫全書
曆體略卷上
明　王英明　撰
天體地形
大圜者上天下地之總名也水附地以成一球
凝奠居中天為大圜包其外有氣以充實其間
在天則有度數在地則有經緯以地合天而太
陽御氣與五星凌犯及各方之交食可得而推

图 6-8　清乾隆年间文澜阁本《四库全书》

中国古籍对封面的理解是书名页，也就是扉页。那时没有封面，所以，书名页就当封面。封面产生后，不叫封面，叫“书衣”“书皮”或“书面”，顾名思义，是书的衣服、书的外皮、书的脸面，书的本体不包括书皮，如图 6-9 所示。

图 6-9　元代雕刻《三国志》封面

6.2　古籍书的插图艺术

中国的古书，以其生产形式而言，大致可以划分为写本书和印本书两个时代。在汉代以前，人们将书抄写在竹简、木牍等天然载体或缣帛等丝织品上。1942 年，湖南长沙战国楚墓中出土一件帛画，上绘彩色图像及类似金文的说明文字，四周绘十二神像，象征十二个月，是我国帛书插图中的较早遗存。

现存较古老的版刻插图艺术品，为 1953 年在成都市东门外望江楼附近唐墓中出土的《陀罗尼经咒》。此图像墓主臂上所戴银镯内，上刻古梵文经咒，四周和中央均印有小佛像。据考，当刊行于唐肃宗至德二年（公元 757 年）之后。唐代版画插图遗存中，另一件更为重要的作品，是唐咸通九年（公元 868 年）刊印的《般若波罗蜜多心经》扉页画，如图 6-10 所示。这幅插图长约 16 尺，由六页纸粘缀而成，卷端绘“祇树给孤独园”图，全图纹饰华丽，布局稳妥，线条运用纤柔中见劲挺，是雕版技艺成熟的佳作。卷末有“咸通九年四月十五日王玠为二亲敬造普施”刊记，是世界上现存最早的有确切刊印日期题记的版刻插图艺术品和佛教版画名作。

图 6-10　《般若波罗蜜多心经》卷首扉画，表现了释迦牟尼于莲花座上给僧众说法的情景。字体端庄，印纸精良，墨色精纯，刻、印技艺高超

继唐而起的五代，是中国历史上大动荡、大分裂、大混乱的时代，也是艺术史上的一个相对衰败期。但唐代开创的版刻插图艺术，在动乱中仍然得以发展。

宋代版刻插图艺术遗存，仍以佛教内容为主，如图 6-11 所示的宋太宗时刊《御制秘藏诠》插图，是现存最古老的山水画版画。与宋对峙的辽、金、西

图 6-11　宋刻《御制秘藏诠》插图版画

夏，都是我国少数民族建立的政权，它们在版刻插图这一艺术领域，同样取得了骄人的成就。1974 年 7 月在山西省应县佛宫寺释迦塔内，发现了大批辽代佛教经卷刻本，其中所附插图十余幅精品。金朝刻大藏经《赵城藏》（又称《金藏》）扉画（图 6-12），雕版严整有力，深沉浑厚，背景简洁明快，人物个性鲜明，是佛教版刻插图中不多见的佳作。不难看出五代、宋及辽、金的版刻插图，无论在雕镌技艺、雕工队伍、绘制地域，还是在表现内容和手法上，进步都是明显的，为版刻插图艺术在以后的大发展打下了良好的基础。

图 6-12 金刻《赵城藏》扉页

元代也是我国雕版印刷史上的一个重要时代，元代书籍插图比两宋又有进步。就宗教版图而言，元代完成的《碛砂藏》，扉画严整工丽，远出宋代之上。更重要的是，中国不少品种的书籍插图，是在元代才开始出现的。如现存最早的戏曲插图《西厢记》和《全相平话五种》等。因此，宋、元是中国版刻插图艺术史上承先启后、继往开来的重要时代。

图 6-13 明刻本《西厢记》插图

明朝，中国图书出版业全面发展，刻版坊肆蜂起，版刻插图艺术也随之进入了兴旺发达的黄金时代，代表作品如图 6-13 至图 6-15 所示。在制作地域上逐渐形成了建安、金陵、新安三大艺术流派。各流派、地

图 6-14 明刻本《水浒传》“火烧瓦硌场”插图

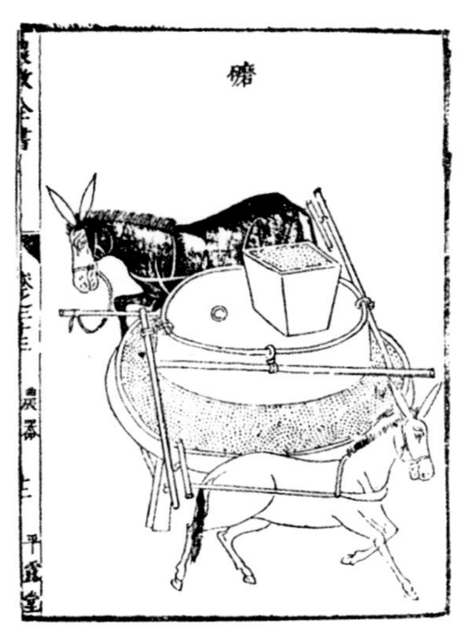

图 6-15 明刻本《农政全书》插图内页

区版刻插图得到互相交流、促进，为中国版刻艺术向更广阔的天地发展，提供了很好的条件。这主要表现在插图形式，从宋、元的单面、上图下文形式外，又出现了双面连式、多面连式、月光式等诸多类型。明代早期的建安、金陵派插图，具有粗犷质朴的民间艺术风格。自徽派版画崛起，绘必求其细，工必求其精，逐渐成为明代插图艺术的主流。明代插图艺苑，留下姓名的画家极多，如汪耕、汪修、蔡冲寰、何英、卢霞子、熊莲泉、张梦征等，都是当时的名家。这些人辛勤耕耘，留下了难以计数的作品。

明代版刻插图艺术很好地把套版印刷技术和版画艺术结合起来，出现了彩色版画套印术。最初为获得彩色图版，采取的是在一块版上，根据图画内容，分别涂上不同颜色，覆纸一次印刷的方法，称单版涂色法。后来，又发明了用凸凹两版嵌合，使纸面拱起的方法，使画面富有立体感，称为“拱花”。这种方法套印出的插图，色彩艳丽，浓淡得宜，阴阳向背之间，可乱真。如胡正言刻《十竹斋画谱》(图 6-16）和吴发祥刻《萝轩变古笺谱》最具有代表性。

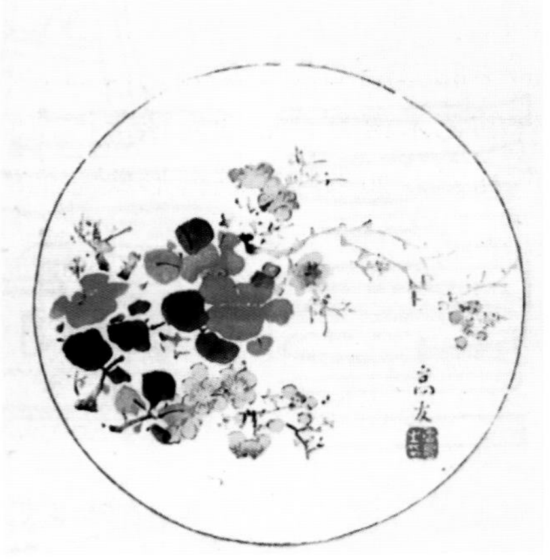

图 6-16 《十竹斋画谱》分为书画谱、竹谱、梅谱、兰谱、石谱、果谱、翎毛谱、墨华谱八种

明代晚期版刻插图作品，过于强调繁缛细密、富丽工致，有时看上去反不如早期版画来得痛快淋漓、意趣天成。公式化、程式化的表现手法，制约了它的发展。

清代书籍插图艺术逐渐走向衰弱，但民间版刻插图人物画和山水画却得到了长足的进步。人物插图中的代表作有《凌烟阁功臣图》《无双谱》《晚笑堂画传》，以及《水浒全图》《三国画像》等。大画家萧云从绘制的《太平山水图画》，笔力凝重，气氛沉郁，所寄托的亦是明代季遗黎对故国佳山秀水的哀思，具有强烈的民族主义和爱国主义气息，在古代山水插图中，可称前无古人、后无来者，如图 6-17 所示。

图 6-17　清刻版本《太平山水图画》内页

6.3 现代书籍的插图设计

随着时代的不断进步，特别是经济、科技、文化的迅速发展，作为书籍装帧组成部分的插图，其形式、结构、基本格式、表现手段等，越来越丰富多彩。今天的书籍装帧设计，在形式表现上强调个性，越来越多地把具象、抽象形式整合起来，运用在书籍插图中，更加注重画面上的感染力。如从原形态中引出抽象形态，通过一定的形式使设计的画面在造型、色彩上得到有序发展，创造出主观的、超自然的时空关系，使书稿的思想内涵得到有效的传达。

插图能够通过画面的传递，引起与读者的共鸣和心灵上的沟通。在插图中的所谓共鸣是发生在人与书籍形态之间的感应效果，当在人的知觉中造成一种强烈印象时，就会唤起一系列的心理效应。形式美的一个很重要的方面，就是建立在人类共有的生理和心理上，人的感觉与经验往往是从生理与心理开始的。插图作为书籍装帧设计的组成部分也不例外，以人为本的观念为插图注入了新的活力，从而加速了信息的传达。

因此，插图始终应以书籍的知识、信息内容的传递为设计诉求中心，如果偏离了这个目标，而不能准确地传达信息、传达书籍的思想内涵，那就失去了它的诉求机能。作为一种特殊的艺术语言，插图应该遵循使阅读最省力的原则，来吸引读者的注意力。书籍设计中的插图，如果将其进行形象思维的理性夸张，可以补充甚至超越文字本身的表现力，产生增值效应。

现代书籍的插图表现形式丰富多彩，科学技术的发展和艺术的结合，创造了丰富的视觉表现手段与形式，给插图以无穷的启示和借鉴。插图可以吸纳其有利于信息传递的各种表现手法与形式，如抽象形态、具象形态以及摄影、绘画、漫画、剪纸、卡通等。书籍插图中造型因素以及形式的选择，会直接影响到意境与情调的变化和发展，巧妙合理的运用，使感性因素与理性因素达到和谐统一，才能使其所要传达的思想、信息给读者以更深刻的印象。这里特选出图 6-18至图 6-22 现代书籍插图设计精品供读者参考。

图 6-18 我国 20 世纪 30 年代书籍插图《莎乐美》《傀儡子的外衣》

图 6-19 《月光集》《书店》插图

图 6-20 欧宁设计的杂志内页插图

图 6-21 吕敬人设计的书籍内页插图作品

图 6-22　朱成梁设计的《火焰》书籍页面插图

6.4　书籍版式的设计法则

现代书籍版式设计主要体现在两个方面。

（1）在开本尺寸规定的面积中，决定版心的大小、位置，版面的布局，以及天头、地脚、内文白边的尺寸，如图 6-23 所示。

（2）确定字体、字号、字距、行距以及图片的大小和位置。要做到版面的“易读性”、内容的“可读性”、图片的“可视性”，既富于美感，又符合读者阅读的视觉规律（现代书籍版面的基本形式如图 6-23 所示）。

因此，对于版式设计最基本的要求是“有序”和“美观”。版式设计遵循规范性、规定性、有序性的设计原则。它以视觉的阅读规律为依据，把版式设计的功能需要放在第一位。如字体、字号，以及字在版面行距的空隙，版心的位置、空间规律等。

中国近现代书籍的版式设计法则是在继承中国传统雕版印书版式的基础上，吸收西方图书版式中的一些长处，逐步演变形成的。我国古籍版式庄重严谨，文字居边框之内，页面天头大，地脚小；文字由上向下直排（也称竖排），行序自右向左，行间有序地相隔界栏；象鼻、鱼尾、黑口与方形的文字相依相应，充满温文尔雅的书卷之气。而西方书籍版式设计则充满了数学的理性思维，集中表现在西方人对版式美感的“数”的理性思考，如图 6-24 所示。

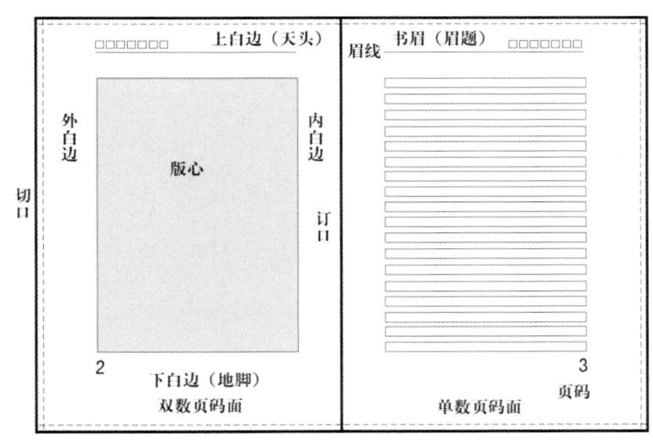

图 6-23　现代书籍版面的基本形式

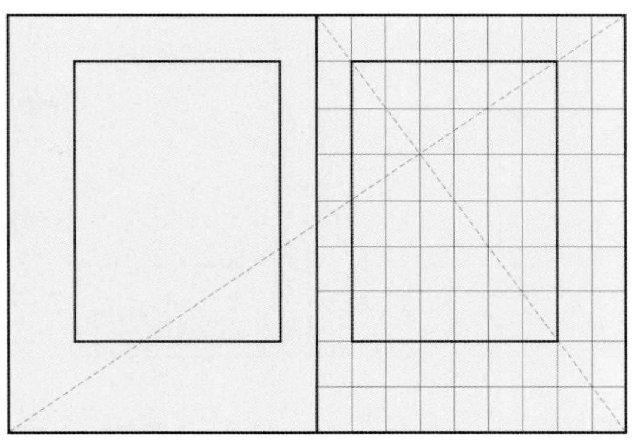

图 6-24　版心的设定方法，在双页和单页各拉对角线可以任意设定版心范围

从 19 世纪末开始，随着西方近代印刷技术的传入，我国书籍的排版方式也渐渐由直排转变为横排。横排比直排更有利于阅读。出版实践也证明，文字自左向右横排、行序自上而下的排版方式，比较适宜人类眼睛的生理构造，更符合科学的阅读规律。

1．等距离模式

19 世纪，由于欧洲资本主义工业的兴起以及机械印刷的诞生，书籍的印刷摆脱了落后的手工制作。当时为了便于印刷，版心往往在版面中央，天头、地脚、内外切边都是等距离。这种有规律的安排，使书籍版式设计第一次出现了可依据的法则，称为等距离的版式设计模式。

2．约翰・契肖特模式

19 世纪末 20 世纪初，装帧艺术家约翰・契肖特对中世纪的《圣经》作了大量的研究，认为形式比例构成的节奏与和谐的美感本质是一种数学的程序。他经过反复计算，认为开本比例为 2∶3 最美，版心的高度应该等于开本的宽度，版心的内、上、外、下四边距版面四边距离的比例为 2∶3∶4∶6 最适宜，如图 6-25(a) 所示。另一位装帧艺术家罗尔・罗塞利奥在此基础上又计算出开本宽度的尺寸：一个 1/9 宽度作为内白边；两个 1/9 宽度作为外白边；开本高度的尺寸：一个 1/9 作为天头，两个 1/9 高度作为地脚。这种方法称为"九等分划分法"，如图 6-25(b) 所示。

3．蛇腹式划分法

1946 年，欧洲一位叫德・格拉夫的设计家，又在"九等分划分法"的基础上，发明了"蛇腹式划分法"(图 6-26)。他借用 13 世纪建筑师菲拉特所发现的将矩形的对角线和中线对角线相交，渐次数列的分割法，将一段线任意划分为许多同样的等份，这种方法称为"蛇腹式划分法"，它将版面演化为 12 等份，能在任何一个长方形开本中使用，并能获得一个自己认为理想的、比例协调的版心。

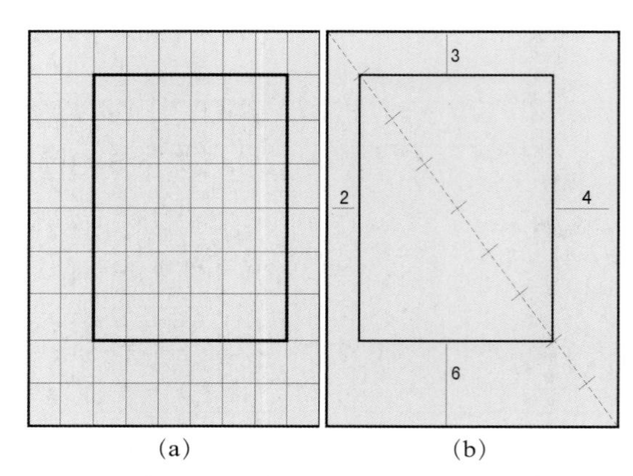

(a)　　(b)

图 6-25　版心的设定方法，左图九等分划分法，网格的九分法确定版心位置。右图对角线的九分法确定版心位置

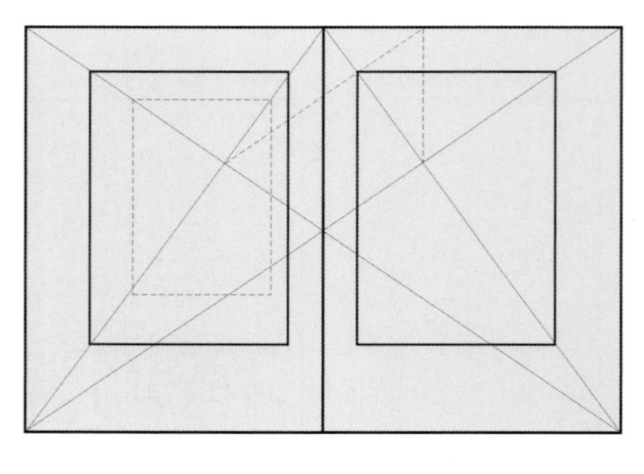

图 6-26　版心的设定方法，在契肖特版心设计方法的基础上，格拉夫发展形成了"蛇腹式划分法"

4．网络（GRID）编排法

网络编排法是杂志、画册、图文混排的一种版式设计的常用方法。这种方法给设计者带来的好处是规范、速度快，为版式设计带来了形式美感。例如 12 等份网络法、58 等份网络法、尼霍森分割原理等。

5．图文混排的双版心法则

所谓双版心，是指为文字规定一个版心，再为图片规定一个版心，图的版心大于文字版心。双版心设计法则的优越性是图片在版面中获得更大的面积，使图片的可视内容得到充分展示，如图 6-27 和图 6-28 所示。在图文混排的版式设计中，双版心法则是一种最常用的方法，使用起来十分方便，版面效果既端庄清丽，又稳重大方。

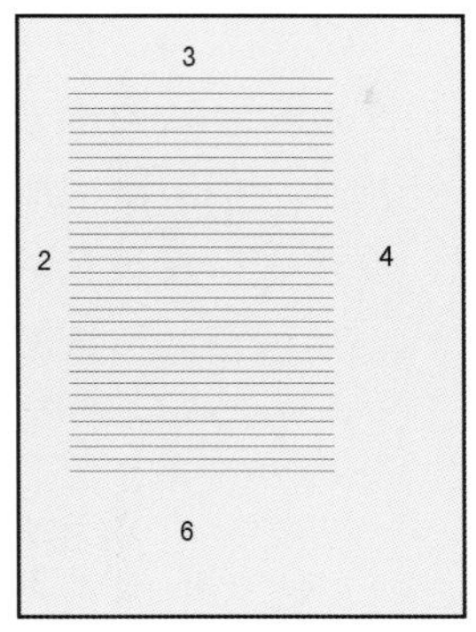

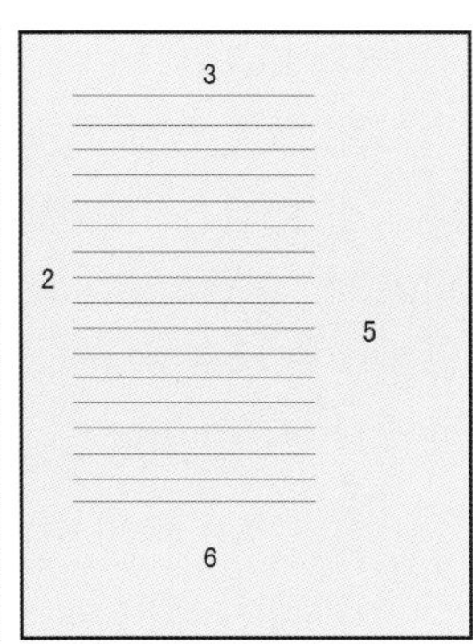

图 6-27　欧洲一般的版心模式

图 6-28　图文混排的双版心版式

6．西方现代版式设计

所谓现代版式设计，不是一种方法，而是一种设计思维方式。这种思维方式的最大特点，是在设计的形式意味上强调人的意识觉醒。不需要严格依靠传统版式法则，注重阅读的科学性。强调视觉规律在版式设计中的心理作用，强调各种形与色彩以及点、线、面所造成的视觉效果。既讲究对比，又讲究均衡；既注意审美心理，又总能令人兴奋、激动，如图 6-29 所示。

图 6-29　罗敬智设计的《汉声》杂志版式设计

7．后现代版式设计思维

西方艺术的后现代思潮，对西方书籍的版式设计也产生了很大影响。如绘画中的达达主义、表现主义、新客观主义等流派，潜移默化地影响了当代西方的版式设计。后现代“思维”在版式设计中追求绝对的不对称、不等同、不均衡、无规律、极混乱的版面效果。以反视觉规律、反美学、反设计的思维，在设计中存在现代、后现代、传统三种设计思维的融合。

8．中式竖排版式

现代书籍的中式法则，是从中国古籍木雕版书的样式发展而来的。版心偏下，天头大而地脚小。书口或黑或白，象鼻、鱼尾构成，文字自上而下竖排于界栏之中，行序自右向左，与古代的书写顺序保持一致，如图 6-30 所示。版心四周单边或文武边，将文字聚拢在版框之内。此类设计多用于中国古典文学和传统文化为内容的书籍排版。不过，这种排版方式也存在一些局限，不适合排列外文、阿拉伯数字、图表等。

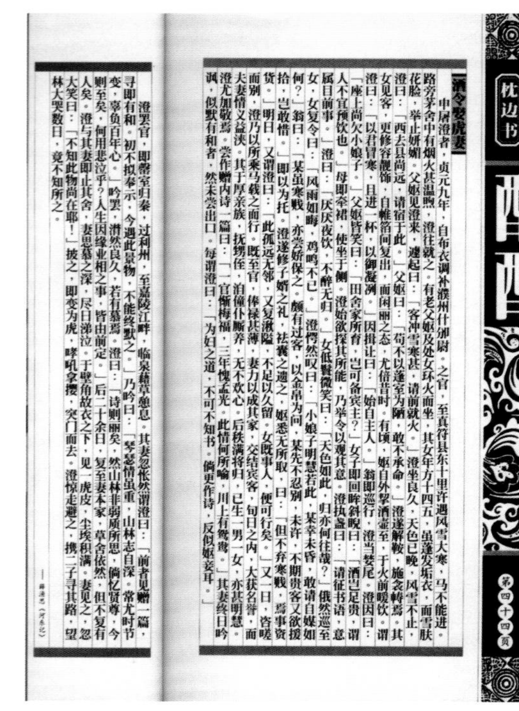

枕边书

第四十四页

酒令娶虎妻

中屠澄者，贞元九年，自布衣调补濮州什邡尉。之官，至真符县东十里许遇风雪大寒，马不能进。路旁茅舍中有烟火甚温煦，澄往就之。有老父妪及处女环火而坐，其女年方十四五，虽蓬发垢衣，而雪肤花脸，举止妍媚。父妪见澄来，遽起曰：「客冲雪寒甚，请前就火。」澄坐良久，天色已晚，风雪不止，澄曰：「西去县尚远，请宿于此。」父妪曰：「苟不以蓬室为陋，敢不承命。」澄遂解鞍，施衾帱焉。其女见客，更修容靓饰，自帷箔间复出，而闲丽之态，尤倍昔时。有顷，妪自外挈酒壶至，于火前暖饮。谓澄曰：「以君冒寒，且进一杯，以御凝冽。」因揖让曰：「始自主人。」翁即巡行，澄当婪尾。澄因曰：「座上尚欠小娘子。」父妪皆笑曰：「田舍家所育，岂可备宾主？」女子即回眸斜睨曰：「酒岂足贵，谓人不宜预饮也。」母即牵裙，使坐于侧。澄始欲探其所能，乃举令以观其意。澄执盏曰：「请征书语，意属目前事。」澄曰：「厌厌夜饮，不醉无归。」女低鬟微笑曰：「天色如此，归亦何往哉？」俄然巡至女，女复令曰：「风雨如晦，鸡鸣不已。」澄愕然叹曰：「小娘子明慧若此，某幸未昏，敢请自媒如何？」翁曰：「某虽寒贱，亦尝娇保之。颇有过客，以金帛为问，某先不忍别，未许，不期贵客又欲援拾，岂敢惜。」即以为托。澄遂修子婿之礼，祛囊之遗之，妪悉无所取，曰：「但不弃寒贱，焉事资货。」明日，又谓澄曰：「此孤远无邻，又复湫隘，不足以久留。女既事人，便可行矣。」又一日，咨嗟而别，澄乃以所乘马载之而行。既至官，俸禄甚薄，妻力以成其家，交结宾客，旬日之内，大获名誉，而夫妻情义益浃。其于厚亲族，抚甥侄，洎僮仆厮养，无不欢心。后秩满将归，已生一男一女，亦甚明慧。澄尤加敬焉。尝作赠内诗一篇曰：「一官惭梅福，三年愧孟光。此情何所喻，川上有鸳鸯。」其妻终日吟讽，似默有和者，然未尝出口。每谓澄曰：「为妇之道，不可不知书。倘更作诗，反似妪妾耳。」

澄罢官，即罄室归秦，过利州，至嘉陵江畔，临泉藉草憩息。其妻忽怅然谓澄曰：「前者见赠一篇，寻即有和。初不拟奉示，今遇此景物，不能终默之。」乃吟曰：「琴瑟情虽重，山林志自深。常尤时节变，辜负百年心。」吟罢，潸然良久，若有慕焉。澄曰：「诗则丽矣，然山林非弱质所思，倘忆贤尊，今则至矣，何用悲泣乎？人生因缘业相之事，皆由前定。」后二十余日，复至妻本家，草舍依然，但不复有人矣。澄与其妻即止其舍，妻思慕之深，尽日涕泣。于壁角故衣之下，见一虎皮，尘埃积满。妻见之，忽大笑曰：「不知此物尚在耶！」披之，即变为虎，哮吼拏攫，突门而去。澄惊走避之，携二子寻其路，望林大哭数日，竟不知所之。

图 6-30 《枕边书》中的竖式版式设计

9．中文的横竖混排

当代中国书籍的版式设计，出现了横竖混排的样式，横竖混排既丰富了版式设计的文字编排方法，又增加了版式设计的文化趣味，表现了当代中国书籍版式设计的新特征。

此处，特精选一些版式设计供参考，如图 6-31 至图 6-35 所示。

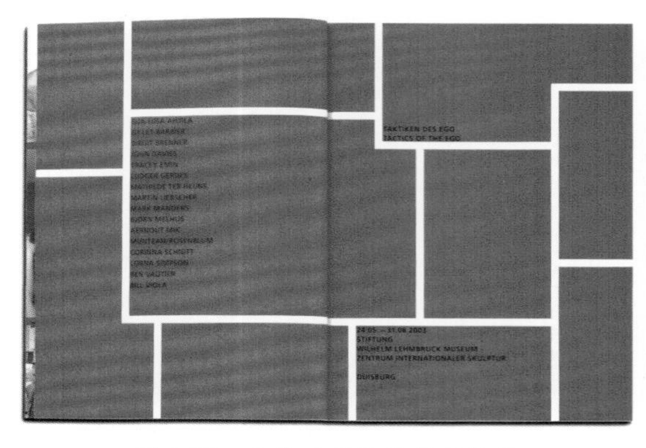

图 6-31 人机工学目录版面设计

图 6-32 图文混排版式设计

图 6-33 以图形为页面的版式设计

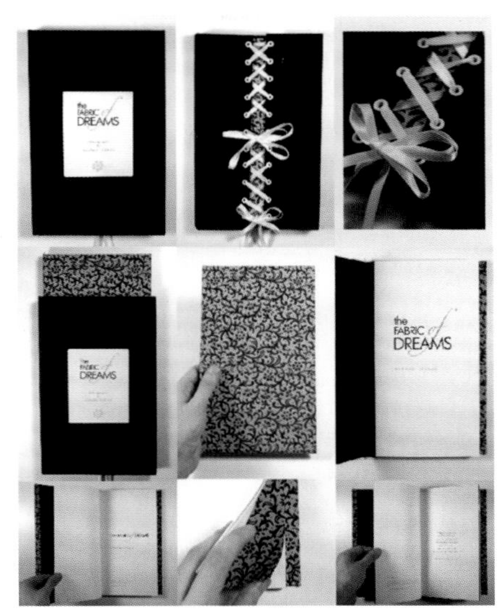

图 6-34 自由版式设计

图 6-35 现代杂志版式设计

6.5 古籍版本主要分类与名称

1．按编纂情况分

古籍版本按编纂情况可分为以下几类。

（1）稿本。书籍的原始形态，已经写定尚未发排的底稿，称为手稿。稿本是校对的最可靠依据。

（2）手稿本。著书人亲手书写的稿本，称手稿本，也称定稿本。

（3）清稿本。对改定的稿本或由作者自行誊清、校对，或由他人缮写后再由作者校过，称清稿本。作为清稿本，不仅字迹要清晰易辨，而且字词不应有差错讹误。

（4）丛书本。汇集多种书，统一版本，印成一部书，称作丛书本。

（5）单行本。把丛书中某一种书，或把作者某一著作中具有独立性的文章，抽出单独印刷成册，称作单行本。

（6）附刻本。附刻于某书之后，作者不同，内容迥异的书，称作附刻本。

（7）抽印本。把若干卷中的几卷或某书中的一部分，能自成一个段落的书，抽出单印，另订成册，称作抽印本。

（8）节本。原书分量太重或文字冗长，仅节取其中某一部分或节录其内容，重新印刷的书，称作节本。

（9）订正本。后印本对先印本书中的讹舛处进行更正，称作订正本，或称修订本。

（10）增订本。书经多次刊印，后印本内容较先印本有所增加，称作增订本。

（11）配本。集合许多不同书版，配合成一部完整的书，称作配本。如清代《二十四史》。配本书虽内容完整，但版式和设计不相一致。

（12）百衲本。僧人所穿经过补缀的僧袍称“衲”，补缀过多形容为“百衲”。在书版中，用零散不全的各种版本，凑成一部完整的书，称作百衲本。清初，辑有《史记》八十卷，是从两种宋版和三种元版中选用的，即是百衲本。

（13）辑佚本。原书已散失，从他书中援引出各条，编辑成原书十之一二的样子，称辑佚本。

（14）合订本。两种以上不同性质内容的书，合订在一起，又无丛书名称者，称作合订本。按期续印的书或每隔一定时期的连续性杂志汇订一起，也称作合订本。

2．按装帧版式分

古籍版本按装帧版式可分为以下几类。

（1）大字本。宋代刻书多用大字，其版框、纸幅也都高大，每行十六七字左右，称作大字本。如宋代大字本《后汉书》（图 6-36），每行十六个字，元代《毛诗注疏》，每行十八字。

（2）小字本。宋元版小字较罕见，很受珍视。宋元版的小字本，每行二十五字左右。如小字本《春秋正义》（图 6-37），每行二十三字、二十四字不等，《晋书》，每行二十六、二十七字不等。

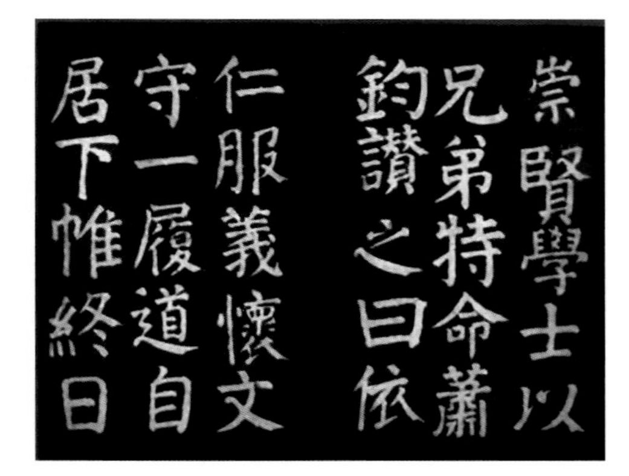
崇賢學士以兄弟特命蕭鈞讚之曰依仁服義懷文守一履道自居下惟終日

图 6-36　宋代大字本《后汉书》内页

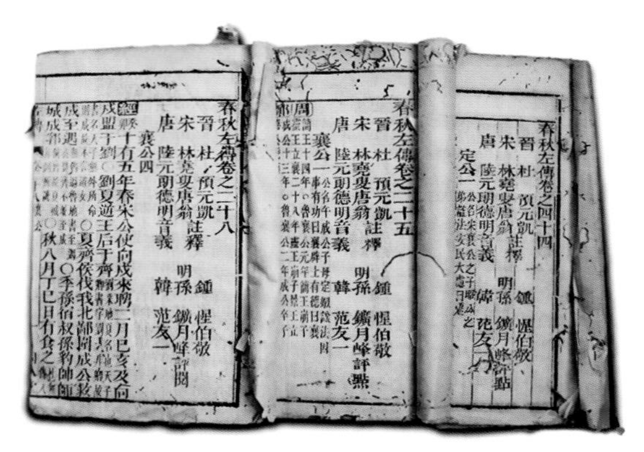

图 6-37　小字本《春秋正义》内页

（3）袖珍本。书的版本很小，因而本子也很小，称作巾箱本，也就是所说的“袖珍本”“巾箱”之称，见于汉晋。古时帽子（方巾）与手帕均称“巾”，由于书的形体较小，亦可手巾箱中兼放，还可专制类似巾箱的小匣用于存书，故称“巾箱”。清代巾箱本，小到长（工部尺）一寸八分，宽一寸一分，其书体之小可见一斑，如图 6-38 所示。

图 6-38　古籍袖珍本

3．按印刷版材分

古籍版本按印刷版材可分为以下几类。

（1）拓本。拓下来的碑刻、铜器等文物的形状和上面文字、图像的纸本，称作拓本。方法是在拓件上蒙上一层白纸，先拍打使之凹凸分明，然后上墨，显出文字、图形来。用墨色拓印，称墨拓本；用朱拓印，称朱拓本，如图 6-39 所示。

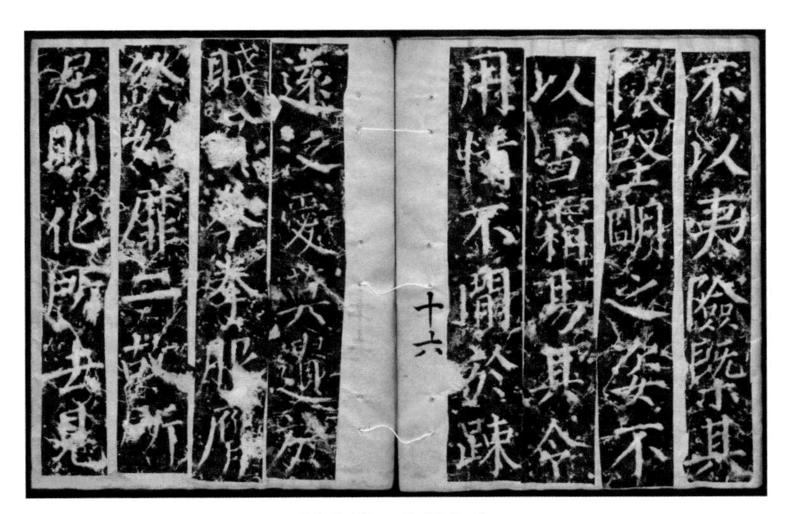

图 6-39　古籍拓本

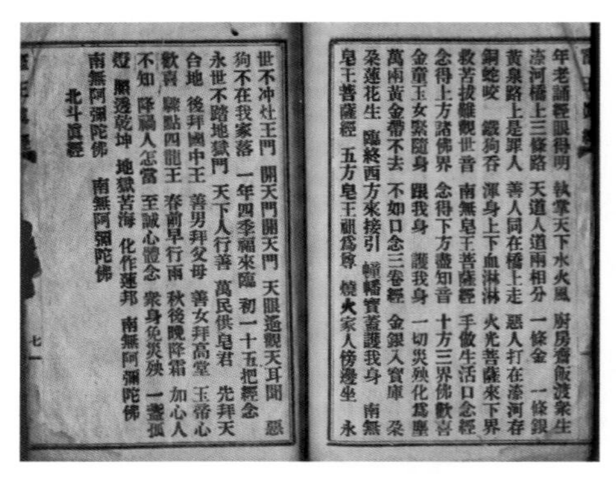
年老誦經眼得明 執掌天下水火風 厨房齋飯渡衆生
漆河橋上三條路 天道人道兩相分 一條金 一條銀
黃泉路上是罪人 善人同在橋上走 惡人打在漆河存
銅蛇咬 鐵狗吞 渾身上下血淋淋 火光菩薩來下界
救苦拔難觀世音 南無皂王菩薩經 手做生活口念經
念得上方諸佛界 念得下方盡知音 十方三界佛歡喜
金童玉女緊隨身 跟我身 護我身 一切災殃化爲塵
萬兩黃金帶不去 不如口念三卷經 金銀入寶庫 朶
朶蓮花生 臨終西方來接引 幢幡寶蓋護我身 南無
皂王菩薩經 五方皂王祖爲尊 燒火家人傍邊坐 永
世不冲灶王門 開天門關天門 天眼遙觀天耳聞 惡
狗不在我家落 一年四季福來臨 初一十五把經念
永世不踏地獄門 天下人行善 萬民供皂君 先拜天
合地 後拜幽中王 善男拜父母 善女拜高堂 玉帝心
歡喜 驟點四龍王 春前早行雨 秋後晚降霜 加心人
不知 降禍人怎當 至誠心體念 衆身免災殃 一盞孤
燈 照透乾坤 地獄苦海 化作蓮邦 南無阿彌陀佛
南無阿彌陀佛 南無阿彌陀佛
北斗眞經
七一

图 6-40　古籍活字本

（2）活字本。以胶泥，或木料，或铜、铅等金属塑铸成小方块，每块刻一字，印前照稿本排版，印毕即可拆除，再印可用以重排，用这种版所印的书，可称作活字本，如图 6-40 所示。

（3）聚珍本。清代武英殿用这种聚珍版印了很多书，称武英殿聚珍本。以仿宋体聚珍版印的书，称聚珍仿宋本。后来浙、赣、闽的布政使衙门，按聚珍版翻刻不少的书，也名之为“聚珍本”，实际上是雕刻，而不是活字，如图 6-41 所示。

（4）铜版印本。方法有三：其一，雕刻铜版；其二，照相铜版；其三，电镀铜版。其中，雕刻铜版应用最广，但不论以何种铜版印的书，均称作铜版印本，如图 6-42 所示。

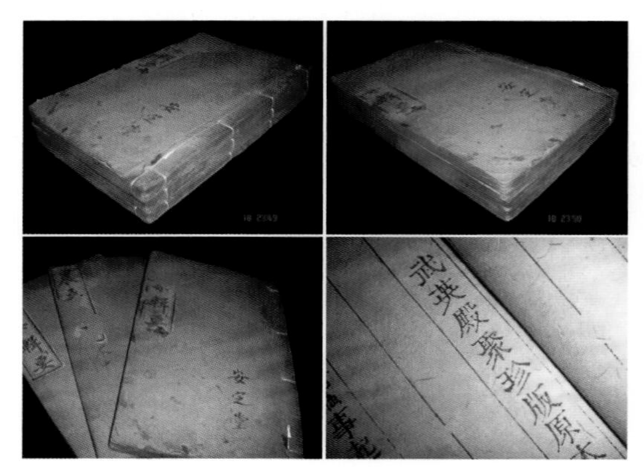

图 6-41　古籍聚珍本

图 6-42　铜版印本

（5）铅印本。以铅活字排版印刷的书籍，称作铅印本。

（6）影印本。对原件做逼真的摹印。方法是先对原书逐页照相，用所照的玻璃版晒印在黄胶纸上再把黄胶纸上的像落在石板上，然后用普通石印方法印行，此类书称作影印本。如早期商务印书馆的《四部丛刊》，就是影印本。

（7）石印本。用石材制版印的书，称作石印本。方法是以胶性药墨把原稿写在特制的药纸上。稍干，将药纸复铺于石面，揭去药纸，用水拂拭，趁水未干，滚上油墨。石面因有水不沾墨，字画之处则尽沾油墨，铺纸平压印制成书，如图 6-43 所示。

图 6-43　石印本

4．按印刷情况分

古籍版本按印刷情况可分为以下几类。

（1）初印本，后印本。都是专指雕版所印的书籍而言。木版雕成后，初印时，字迹清晰，边框完整，墨色浓重，藏书家十分珍视，称作初印本；印刷久了以后，字迹模糊，边框不整，墨色暗淡，称后印本。这是指同一版次，印时前后不同的书籍。

（2）初印红本，初印蓝本。一般图书，在雕版初次完成之后，照例先用红色或蓝色印若干部。印成红色的称作初印红本，印成蓝色的称作初印蓝本。

（3）朱印本、蓝印本。不用墨色，而用红色或蓝色印刷的书籍，称作红印本或蓝印本。印谱，符篆，一般用朱印，明末志书用蓝印。

（4）套印本。一本书不是一次一色印成，而须多次上版并更换颜色印成书，称作套印本。第一次刷黑印正文，第二次套红印评语、圈点，这样印成的书就是两色套印的朱墨本。今天所见古籍中的套印本，多为明代万历年间（1573—1620年）闵、凌两家刻本。

（5）重刻本，原刻本。凡按稿本初次雕印的书籍，称作原刻本或原刊本。凡按原本照样翻刻的书籍，称作重刻本或重刊本。原刻本因迹近原稿，如精心校审，可确保质量，所以藏书家都以原刻本为重。

（6）翻刻本。木版印刷或保存日久，容易损坏，如遇水火冰灾，更易毁失，书籍欲长久流传，须仗翻刻。按照原本复刻的书籍，称作翻刻本或复刻本。翻刻好的书大都影摹原刻，而后上版开雕，这种翻刻与原刻酷似。翻刻本中，据宋版翻刻的称复宋刻本；元代据宋版翻刻的称元翻宋刻本，明代据宋版翻刻的称明翻宋刻本；据元版翻刻的称复元本，明代据元版翻刻的称明翻元刻本。

5．按出版时间分

古籍版本按出版时间可分为以下几类。

（1）唐写本。唐代，在雕版印刷术创始之前，由写经手在黄麻纸上缮写的经卷，称作唐写本。唐人写经，敦煌曾发现20 000卷，英法两国劫去10 000余卷，尚有8 000余卷现藏北京图书馆。

（2）唐刊本。唐代处于写，刻交替时期。雕版印刷于公元八世纪后期唐代中世，唐代雕版印刷的书籍，称作唐刊本，亦称唐刻本。

（3）五代刊本。亦称五代刻本，始于后唐长兴三年（公元632年）。五代刊刻非常谨慎。未刻前，先将石经抄出由专经之士校勘，初校后，又交由当时著名学者任职的五名详校官，详校无误后，方另选善写者端楷写样，交给匠人雕刻。五代刊本质量之高实为罕见。敦煌发现的有《唐韵》《切韵》二书，现藏法国巴黎图书馆。1924年杭州雷峰塔倒塌时所发现的《陀罗尼经》，可视为五代刊本。

（4）宋刊本。亦称宋刻本。宋代刻本至真宗（1005年）时方兴盛起来。宋初官刊本，继承了五代刊本的优良传统，校勘极严。凡一书初校即毕，送复勘官，复勘即毕，送主判管阁官再加点校，历经三次审校，可谓慎之又慎。宋刊本的特点是：①版式多黑口单边，版心上记字数，下记刻工姓名，书名在上鱼尾下，卷末大名占一至四行；

②行款上，旧刻本每行字数多少不等，仿古卷子本体式，行数，字数也有相等的，但不多见；③字体分肥瘦两种，肥学颜，瘦仿欧柳；④墨色香淡，纸白而韧；⑤各种刻本均加牌记，亦称墨围；⑥书中多讳字，特别是官刻本，避讳极严，坊刻本则每有忽略；⑦装潢采用蝴蝶装，亦称蝶装。

（5）辽刊本。亦称辽刻本，传本极少。辽圣宗统和十五年（公元 997 年），有幽州僧行均着刻了《龙龛受镜》，但那时书禁甚严，直至宋神宗熙宁（1068—1077 年）时，才有人偷偷传至宋。辽刻《大藏经》称《契丹藏》，很有名，但无传。后高丽刻《大藏经》即依据《契丹藏》，可知辽刻之一二。

（6）金刊本。亦称金刻本。因金人无禁书出境的规定，金刻本的传世比辽刻本要多。金刻的中心地区，在今山西境内。

（7）元刊本。元代刊刻的书籍，称作元刊本，亦称元刻本。元代刻书，须先经中书省审查，由兴文署掌握；地方刻书，则由书院负责；其他也如宋代一样，有坊刻本和私刻本。元刻的特点是：①黑口；②赵吴兴字体；③竹纸比宋纸稍黑，皮纸则极薄而粗黄；④墨色不甚讲究；⑤无讳字；⑥有牌记。

（8）明刊本。明代刊刻的书籍，称作明刊本，亦称明刻本。明代刻书，官刻、坊刻、私刻均有。明刻的特点是：①明初多黑口赵体，自正德（1506—1521 年）、嘉靖（1522—1566 年）后，黑口本绝无仅有，字迹也粗俗不堪，唯有名人写刻本被看作至宝；②嘉靖前多用绵纸，万历（1573—1620 年）后竹纸常见，明版书以绵纸为贵；③墨色好的极少，只有万历年间的徽牌书中，有的墨色很好。明刊本，以苏、浙、闽、皖为刻书中心。

（9）清刊本。清代刊刻的书籍，称作清刊本，亦称清刻本。因距现代较近，书的流传也多，常不为人重视。但清乾隆（1736—1795 年）、嘉庆（1796—1820 年）时刻书特别注意校雠，十分精审可靠，所以也称精刊本。

6．按出版地点分

古籍版本按出版地点可分为以下几类。

（1）官刻本。由官府负责雕版印行的书籍，称作官刻本。宋、元、明、清各代官府刻书，或专设，或兼作，一般都雕镂精审，善本所占比例很大。

（2）监刻本。属历代官刻本的一种，由国子监负责刊刻的书籍，称作监刻本，亦称监本。五代的冯道曾创议雕印了五代监本。宋代监刻本在浙江杭州，故以浙本或称杭本为最善。明代南北国子监均刻书，又分为南监本和北监本，尤以南京国子监刻得最多。由此而知，监刻本是由国子监刻书而得名，非某人监刻之意。

（3）公使库本。属宋代官刻本的一种。公使库犹如现在的招待所，以其结余经费用来刻书，库内设印书局，专管刻书。由公使库负责刊刻的书籍，称作公使库本。据《书林清话》载，宋时有苏州、吉州、明州、阮州、舒州、抚州、台州、信州、泉州、鄂州等 10 个公使库，每一公使库，都要刻几种书，其中以抚州公使库刻的《郑注礼记》最为有名。事实上，当时公使库不止 10 个，每个公使库刻书也不止几种。

（4）书院本。宋代刻官本，除国子监、公使库外，尚有各路茶盐司、漕司、提刑司等机关和州军学、郡斋、郡庠、县斋、县学以及各处书院也都刻书。由书院刊刻的书籍，称作书院本。元代全国书院有 120 个。地方刻书多由书院领其事。

（5）经厂本。属明代官刻本的一种。明代内府刻书，由司礼监（明初十二监中地位最高，为第一署）领其事，司礼监设汉经厂、番经厂、道经厂。汉经厂专刻本国四部书籍，番经厂刻佛经，道经厂刻道藏，后人把这三类经厂刊刻的书籍，称作经厂本。经厂本是黑口、白纸、赵体字，较易识别，但因多出阉宦之手，虽书品阔大、美观，而校勘不精，后人不甚重视。

（6）浙刻本。浙江简称浙，浙江刻印的书籍，称作浙刻印本，亦称浙本。又因杭州是浙江刻书业的中心，杭州所刻的书籍称杭刻本，亦称杭本。宋代监刻本多在浙江杭州刻制，不但写刻精工，数量亦多；明代监刻本中心转移至江苏南京，杭刻已趋落伍之势。

（7）婺州本。婺州即现在浙江金华区。南宋时，浙东、浙西刻书风极盛，婺州地方所刻的书，字体瘦劲，别具风格，后人称作婺州本。

（8）蜀刻本。四川简称蜀，四川刻印的书籍，称作蜀刻本，亦称蜀本。蜀刻本字体稍大，又称蜀大字本。

（9）闽刻本。福建简称闽，宋代福建刻印的书籍，称作闽刻本，亦称闽本。福建盛产榕树，榕木质柔易刻；闽北盛产纸；与建阳相邻的浦城县又重视文化，写刻人很多，从而构成闽刻的有利条件。

7．按抄本情况分

古籍版本按抄本情况可分为以下几类。

（1）抄本。凡由手写而非版印的书籍，称作抄本。抄本中字迹工整的称写本，字迹工整而精致的称精抄本或精写本。古代在无印本书之前，学者诵习，多由自己抄录，写书字体或楷书，或行书，写字材料有丝织品、纸，也有竹片。唐写本极为罕见，宋元抄本也极名贵，明抄本相对流传较多。

（2）旧抄本。古代抄本，其年代不详的抄本，称作旧抄本或旧写本。

（3）影印本。藏书家摹写宋元时代旧版书籍，字体点画、行款格式与原书不差分毫，这类写本称作影印本。如毛氏汲古阁影抄宋代县学刻的《群经音辩》，就是影印本。如遇罕见的宋刻本，选名写手，用优纸墨，照式影抄，效果几与宋刻无异，这类抄本称作影宋抄本。

8．按书籍质量分

古籍版本按书籍质量可分为以下几类。

（1）善本。善本的含义：一曰旧刻，二曰精本，三曰旧抄，四曰旧校，五曰精写。关于版本的善劣，不宜苛求，也不宜宽纵。苛求之，善本会寥若晨星，宽纵之，又会鱼龙混杂，泥沙俱下，只要依据约定俗成的标准精心鉴别就可以了。

（2）校本。书籍不论刊本或写本，必须经精心校勘后方有利于阅读。对精心校勘的书籍，称作校本。

（3）过校本。凡抄录前人或他人对同书校语的书籍，称作过校本，或称过录校本、

录校本、度校本。过校之书，因所录校语不止一家，丹黄纷披，分辨费力，所以名人校书，以原校为佳，过校次之。

（4）注本。凡书除正文外，另加注释，称作注本或注释本。经多人注释，则冠上注释人姓名，称某氏注本。

（5）批点本。经识者批评或标点的书，称作批点本，或称评本和评点本。把批点本人姓名一并记在书上，称某氏批点本。

本章小结

传统的雕版印书和古籍书的插图艺术，对现代书籍的版式设计具有深远的影响，促成了现代书籍版式设计的多元化的表现形式。在版心、天头、地脚、书口等编排上出现了更为丰富的科学的方法，强调设计思维，注重阅读的科学性和表现上的视觉效果。

习题

1. 简述古典书籍版式设计及插图的表现特点。
2. 简述现代书籍版式的设计模式及方法。
3. 模仿线装书表现形式设计一本书籍，包括封面、扉页、封底等。

第七章

书籍装帧与印刷工艺

20 世纪 70 年代之前，装帧设计的印刷技术主要使用照相分色进行制版。70 年代中期以后，开始普遍使用电子分色机，在高质量的彩色图像印刷复制中发挥了重要作用。80 年代末，彩色桌面出版系统（DTP）这一概念被引入到印刷中。它的问世是以 Laser Writer 激光打印机的发明，页面描述语言 PostScript 的应用以及 PageMaker 软件的推出为基础的。作为一种全新的印前处理设备，“桌面出版”集文字照排、图像分色、图文编辑合成、创意设计、输出、彩图分色软片于一身，是以往照相制版、电子制版，以及整页拼版系统都无法比拟的。到了 90 年代后期，随着电子技术和计算机技术的飞速发展，将模拟信息转化为数字信息的各种技术得以完善，一种全新的信息交流和存储方式被引入到印刷中。

7.1 印刷技术的改进

1. CTP技术

CTP 直接制版技术是从 Drupa 95 首先推出后发展起来的。CTP 技术的优势主要在于：记录网点质量高，网点增大和损失小，能够较好地完成调频网点的记录。印版在亮调和暗调网点再现质量好，无灰尘，其印版的套准精确度得到提高。CTP 技术省去了胶片及其显影加工所需要的成本，降低了试印废纸、油墨、润版的用量，大大节约了成本。

2. 数码打样和数码印刷

数码打样技术是随着 CTP 系统概念的出现而产生的，它淘汰了传统打样和手工拼版等工作流程，采用先进的 ICC 色彩管理技术，达到了数码打样和印刷色的一致性。数码打样可以事先控制扫描分色、数字图像及图文制作的质量，从而提高效率、提高质量、减少返工；又可以为印刷提供准确的标准样张，在整个印刷工艺流程中为控制印刷质量提供了有效的技术手段。另外，随着印刷行业数字化进程不断加快，可变数据印刷、按需印刷、快速印刷、网络印刷等技术的数码印刷系统无疑将会成为今后印刷发展的主流方向。对于那些周期长、活件多的工作来说，数码印刷不具备传统印刷的优势，但在客户个性化需求的今天，数码印刷能够解决印刷数量小和印刷时间紧的要求。

3. 数字化工作流程

数字化工作流程作为联系印前处理、印刷和印后加工的整体概念，是以数字化的生产控制信息，将上述三个过程整合为一个不可分割的系统。使数字化的图文信息完整、准确地传递（如拼版、数码打样、RIP、远程校样、油墨量控制、折页控制等），为书籍的印刷提供了方便，如图 7-1 所示。

图 7-1　数字印刷

4．彩色印前系统

色彩桌面出版系统的应用，使传统的印前原稿输入方式得到提高，这其中以扫描仪、数码相机、OCR 技术为代表。从工艺上讲，彩色桌面系统由彩色图像输入、图像编辑处理、文字编辑处理、版面设计、图文合成、图文输出等部分组成，它能够完成从彩色图像输入到分色片输出的一整套工艺过程。它们已经成为一种主要的印前图像输入和记录、存储信息的方式，以其数字化的存储方式，大大缩短了印前时间和工序，提高了扫、输、录等的准确率，体现了数字印刷时代给我们带来的便利。

7.2 装帧的材料

装帧材料是书籍形态的物质基础，虽然构成书籍装帧之美的要素是多方面的，但装帧材料作为设计的重要因素，显然起着不可缺少的关键作用。装帧设计与印装工艺各自的特征和作用可在这个基础上自由发挥。装帧材料可以造就装帧的形式意味、文化内涵、工艺之美等。

随着社会物质的丰富，纸张的品种越来越多，特种纸也应运而生，并广泛用于各类设计中，尤其是高档画册、书籍封面的设计等，如图 7-2 所示。

图 7-2 特种纸和精装高档纸系列

纸张材料在图书成本中占有很大的比重，约占 40% 以上。因此，合理选用纸张材料是降低图书成本的一个重要方面。如普通图书，平装本用 52g/m^2 凸版纸，精装本可用 60g 或 70g 胶版纸；教科书一般采用 49～60g 凸版纸，工具书平装本用 52g 凸版纸，精装本可用 40g 字典纸；图片及画册一般用 80～120g 胶版纸或 100～128g 铜版纸。可根据画册的精印程度和开本选用胶版纸或铜版纸及相应的克度；年画、宣传画一般用 50～80g 单面胶版纸，连环画用 50～52g 凸版纸，高级精致小画片用 256g 玻璃纸；杂志一般用 52～80g 纸，单色一般用 60g 书写纸或胶版纸，彩色一般用 80g 双版纸；图书、杂志的封面、插页和衬页的技术要求：内芯在 200 页以内，封面一般用 100～150g 纸；内芯在 200 页以上，封面一般用 120～180g 纸；插页用 80～150g 纸；衬页根据书的厚薄一般在 80～150g。同一品种的纸，克数越重，价格越高。正文纸的克重增加，书脊也随之加厚，有时还须调整封面纸的克重与开数，因而产生一连串的连带关系，往往会增加纸张成本。

特种纸具有一定的强度、质轻、有表面凹凸、纹理、光泽、平滑等不同性能，其外表美观，颜色各异。特别是由植物纤维加工制作的纸质材料，由于对环境无污染，又可回收利用，故已成为装帧设计和绿色包装的首选材料。

（1）硫酸纸（植物羊皮纸）。硫酸纸呈半透明状，纸质的气孔少，纸质坚韧，紧密，而且可以对其进行上蜡、涂布、压花或起皱等加工，其外观和描图纸相近。

（2）合成纸。一般合成纸分为纤维合成纸和薄膜系合成纸。合成纸不易老化，适合长时间保存，常用来印刷书刊、广告、说明书等。

（3）压纹纸。压纹纸是采用机械压花或起皱纹的方法，在纸和纸板的表面压出凹凸不平的图案。压纹纸通过压花来提高它的装饰效果，使纸张更具质感。较适合进行单色印刷或套色印刷，不宜叠色，多适合制作图书或画册的封面、扉页。

（4）花纹纸。花纹纸品种有抄网纸、仿古纸、非涂布花式纸、赤金箔等。如抄网纸是一种产生纹理质感的传统特种纸，质感柔和，适于包装印刷和软皮本册封面印刷；非涂布花式纸具有抄网纸的自然质感和良好的印刷适性效果，这种纸的两面均经过特殊加工处理，使纸张的吸水性降低。当印刷时，油墨留在纸张表面，具有很强的浮凸质感。赤金箔是一种运用纳米技术制作出来的金纸，可以把彩色图案直接印刷于金纸之上，既保留了金色的光泽，又起到防潮、防蛀、抗氧化变色的功能，保存期限很长。

（5）蒙肯纸。是一种较轻型胶版纸，它采用特殊的生产加工工艺，如特殊的打浆程序，难以仿制的制纸毯表面纹理等，纸张质地松软，质量较轻，具有防伪性能。适合印刷书刊、教科书、杂志、画册的内页用纸等。

书籍装帧除了纸张以外还有许多其他要素。可用作书籍封面的材料很丰富，特别是精装书籍的封面、封套等。如棉、丝绒、麻、仿皮革、塑料、金属、木材等。材料的应用不应脱离书籍设计意图，在成本容许的情况下，进行材料的选择运用才是最好的。

7.3 书籍印刷工艺

1. 印前基本知识

文字字体的选择。汉字字体在印刷上一般分为两个大类：一是印刷基本字体，如书宋体、仿宋体、楷体和黑体四种，在书籍的排版中正文的字号一般为 5 号字；二是美术字体或艺术字体，为了美化版面，一些广告页或期刊、报纸的标题字采用隶书、综艺、行楷、美黑、魏碑，等等。

图像的网点线数。网点线数是指单位长度（每英寸或每厘米）内所排列的网点个数，用 LPI 或 LPC 表示。网点的线数越高，图像的层次表现也就越丰富。在印刷过程中，对网点线数的选择，主要取决于书籍的类型以及书籍所采用纸张的种类。如新闻纸为 60～85LPI，胶版纸为 100～130LPI，铜版纸为 150～200LPI。

图像扫描。在扫描图像时，主要是扫描分辨率的确定。在设置扫描分辨率之前，应了解所用扫描仪光学分辨率的多少，同时还应考虑扫描图像的印刷网点线数，图像输出时的缩放倍率以及扫描时的质量因子选择为 2。

一般扫描分辨率的确定方法：扫描分辨率 = 图像的网点线数 × 缩放倍率 ×2。还需要注意图像的格式、图像的色深度、图像的颜色模式等方面的问题。

输出方式。印前过程处理好的图文有两种输出方式，一种是输出软片（CTF），一种是直接输出印刷（CTP）。若输出小版软片，则只需要将组好版面直接输出即可；若要输出大版软片，则还需要根据印刷时的幅面大小，折页机的折页方式以及书籍的装订方式进行拼大版处理。由于印刷过程中采用的印刷机的幅面基本是对开或 4 开，而在印前制作过程中以小幅面进行印刷品的制作即可，如 16 开、32 开等。但为了适应印刷要求，在印前设计或制版中需要将小幅面的版面拼成大的幅面，这一过程称为拼版，如图 7-3 所示。

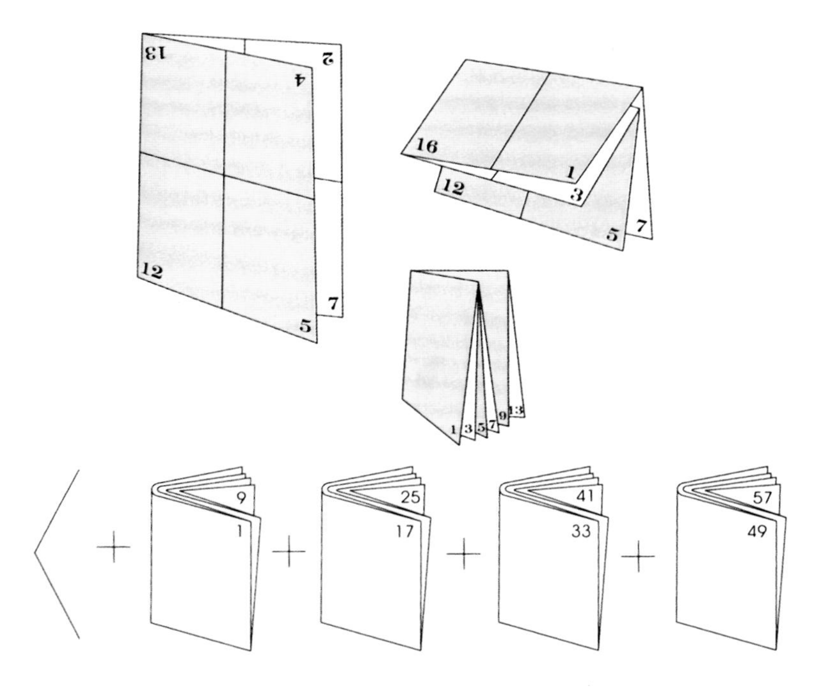

图 7-3 书籍的折页方法图和 16P 书籍拼版

拼版可以从以下几个方面加以考虑。

（1）印刷方式不同，拼大版的方法也不同（如单面印刷、双面印刷、自翻版印刷、翻转式印刷）。

（2）装订方式不同，拼大版的方法也不同（第一种是把书帖按页码顺序一帖一帖地重叠在一起，用铁丝订、锁线订、无线胶订装订。第二种是将书帖按页面顺序套在另一个书帖的里面或外面，用骑马订的方式订书）。

（3）纸张厚度不同，拼大版的工艺也不同。

（4）书籍装订表现形式的考虑。

（5）印数和纸张的加量的考虑。另外，对于“出血”版面的设计，其印刷的面积绝不能大于印刷用纸，否则油墨则印不到纸张上，所以需要做“出血”的印刷版面超出裁切线 3mm 即可。

2．印后加工

刚从印刷机上出来的产品只是半成品，必须经过折页、装订和表面装饰才能形成完整的印刷品。印后加工是印刷品成型的最后工序，是书刊生产流程的收尾阶段。

折页是将页码顺序折叠成书刊开本大小的书帖，或将大幅面印张按照要求折成一定规格的幅面。折页的方式是随着书刊版面排列方式的不同而变化的。折页的基本要求是折好的书页位置必须准确，正文版心外的空白边每页要相等。

装订是将书刊印页加工成册的工艺总称，包括按设计的开本规格将印页折成书帖，再将书帖用各种不同的方法连接起来进行加工和装潢，直至成为各种形式的书籍、杂志、画册等出版物。书刊装订的质量，直接影响出书的时间以及阅读、保存和装帧的效果，如图 7-4 所示。

图 7-4　书籍印刷放料、包书封壳、包边书壳压平

印刷品的装订形式，包括铁丝平订（以铁丝在书芯的订口边穿订的方式）、骑马订（连同封面一起，用铁丝从书帖折缝中穿过的方法）、缝纫订（用工业缝纫机将配好的书帖沿订口订住的方法）、锁线订（将配好的书帖按顺序逐帖用线串订成书芯的方法）、无线胶订（书帖和书页完全靠胶黏合的方法）、塑料线烫订（把塑料烫订专用线从书帖折缝中穿过，经过热进行黏合的方法）、包本（将印好的书刊封面包在书芯外面做成毛本的过程）、三面切书（将毛本的天头、地脚、切口按开本规格尺寸裁切整齐的过程）、精装订（其特点是书芯的书背经过加工后成为圆背或平背。封面、封底一般用丝织品、漆布、人造革、皮革或纸张等材料粘贴在硬纸板表面做成书壳），如图 7-5 所示。

表面装饰技术有覆膜（亮光型、哑光型），上光（整体或局部、亮光或哑光），模切，压痕，电化铝汤印，压凹凸，UV 上光（无色透明涂料）等。还有些书籍在三面切口处烫金口或色口，在书背处起竹节，最后包上护封，对书皮和书芯起到美化装饰和保护的作用。

此处，印后加工还包括印衬、压书、沟槽等，如图 7-6 和图 7-7 所示。

平装书一般要经过闯齐印刷页、裁切、折页、压平、配页、胶粘订、包本成型、干燥、三面裁切等工序。平装书的封面分有勒口和无勒口两种。无勒口平装书先包封皮，再将三面裁切成光口。有勒口平装书是先将书芯外切口（翻口）裁切后再上封皮，然后将封面宽出部分折转到

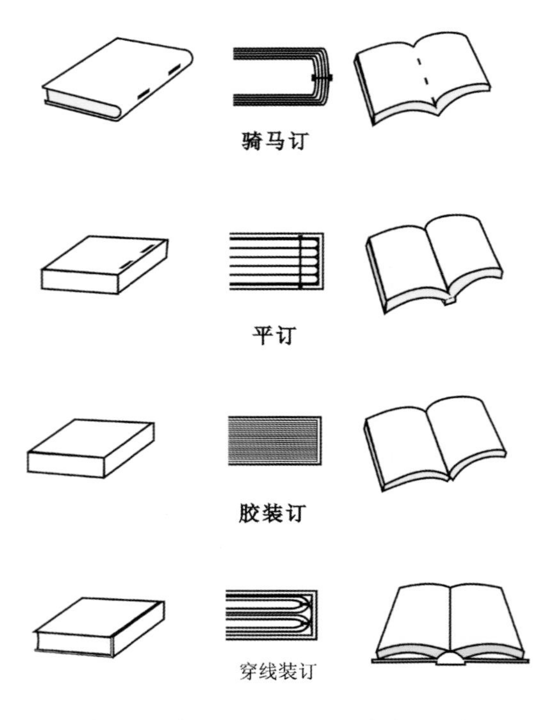

图 7-5　平订、胶订、线订的装订形式

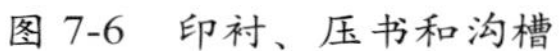

图 7-6　印衬、压书和沟槽

图 7-7　韩湛宁设计的书籍装帧作品

里封去，最后再裁切上、下切口。精装书一般要经过书芯加工、书壳加工和套合三个过程，具体是对已配帖、锁好线的书芯进行压平捆书、上胶定型、干燥分本、切书、扒圆、起脊、三粘、制壳、烫印、套合扫衬等操作（图 7-8）。精装书的书芯和封皮的用料、装帧等都比较讲究，一般要进行装潢设计。按书脊的形状可分为圆角、直角、全布面、全纸面、布腰纸面、塑料套壳等几种。精装书籍工序多，工艺复杂。精装本装订成册后还需要包角并多带勒口，封面用料有布、绸、缎等装订线装古籍书车间如图 7-9 所示。

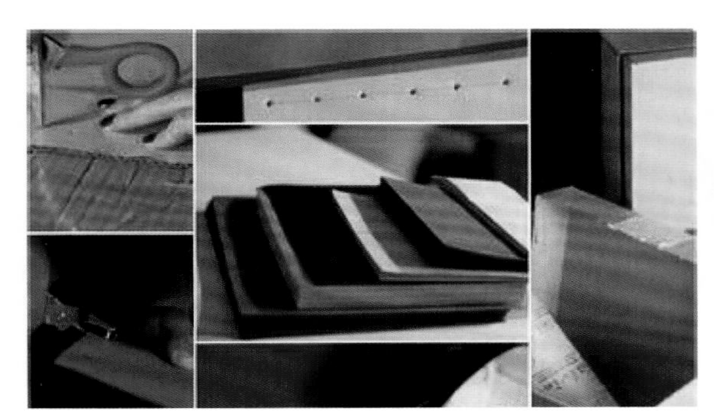

图 7-8　精装书装帧印刷工序

图 7-9　装订线装古籍书车间

3．书籍出版流程

（1）论证选题。确定书籍形态、书籍开本、确定读者对象和书籍定价。

（2）确定选题。申请 CIP 数据，确定作者编写。

（3）编写与编排设计。作者编写书稿、文字输入、插图或图表绘制、图片拍摄、图片扫描、图片电分、版面编排设计等。

（4）交稿。书稿以黑白或彩色打印的方式提交，并装订成册（含电子文件）。

（5）三审。一审由责任编辑审稿，二审由编辑室主任审稿，三审由总编审稿。

（6）三校。书籍经过三次校对，每校对完一次修改一次书稿，打印一次黑白稿，然后再进行下一次的校对。重点图书的书稿经过五次校对。

（7）输出菲林片，印刷打样，审读 将印刷打样的书稿或蓝图打样折成假书进行最后的审阅。

（8）交付印刷。将印刷打样终审书稿交印刷公司。

本章小结

计算机技术为现代书籍装帧艺术发展创造了信息和速度条件。现代书籍设计的材料提升了书籍的装帧质量，印刷工艺的改进缩短了出书的时间，多样版本的书籍和表现形式得到发展。

习题

1. 简述现代装帧材料对书籍设计的作用。
2. 现代书籍设计的开本与印刷因素有哪些？
3. 书籍印前与印后加工体现在哪些方面？

第八章

其他书籍装帧设计的表现形式

形式是物体性质的内在基础和根据，是物质内部所固有的、活生生的、本质的力量。物质之所以具有自己的个性，形成各种特殊的差异，都是由于物质内部所固有的本质力量，即形式所决定的。在书籍设计中，我国古代书籍的简策装、卷轴装、旋风装、经折装、线装，这些装订方式都体现了不同时期的书籍的外在表现形式。现如今，书籍的表现形式朝着多样化的模式不断创新。各种各样的版本和各种不一的材质不仅为读者拓宽了欣赏阅读的空间，而且对书装艺术的发展起到了不可磨灭的作用。

8.1 儿童读物

儿童读物是书籍中一个重要类别。儿童阅读书籍是一个艺术欣赏的过程，他们在其中能受到美的熏陶。虽然儿童也是书籍的消费者，但是这个群体却不具备对书籍做出艺术性、审美观、舒适性的正确评价的能力，他们是被动地接受着书籍的设计。当然，优秀的儿童书籍设计能让儿童在阅读中体验到美，同时也能提高儿童欣赏美和创造美的能力。

我们熟知儿童是凭借着自己的情感来挑选事物的，他们对一些明度较高的色彩比较容易分辨，对一些影响自己的事物比较偏向，如高纯度的色彩，热闹的环境，有节奏感的音乐，可爱生动的卡通形象等，如图 8-1 和图 8-2 所示。所以在儿童书籍设计中要寻找明亮鲜艳的糖果般的色彩和童话般的插图形象，符合儿童的阅读心理，这样才能调动儿童的阅读积极性，使阅读变得轻松愉快。

图 8-1　色彩明快的儿童书籍

图 8-2　糖果般色彩的儿童书籍

书籍形态设计的生动性和趣味性是引起儿童对书籍兴趣的重要因素之一。儿童书籍通常采用不超过 16 开的开本，包括常见的 64 开和 32 开等长方形开本，也包括 48 开、40 开、24 开等近似方形的开本，这些开本主要为了适应儿童的身体尺寸，方便他们携带与翻阅。还有一些异形的儿童玩具书，它以逼真的造型、明亮的色彩和精美的图片，引发了儿童的阅读兴致，并且能寓教于乐。如图 8-3至图 8-8 所示。所以形态的“特与异”是对儿童书籍设计进行突破的有效方法。

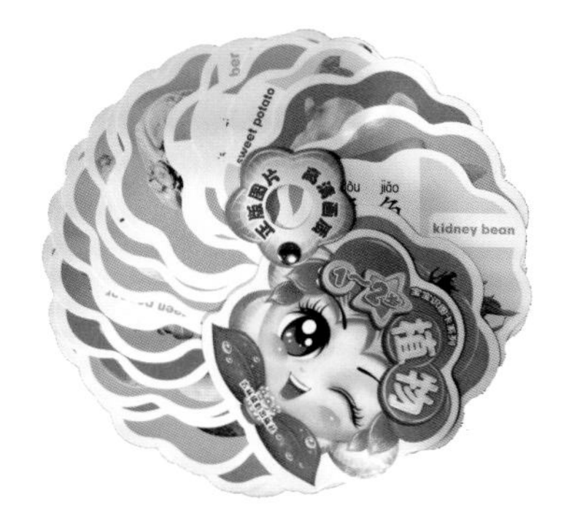

图 8-3 旋转式儿童书籍

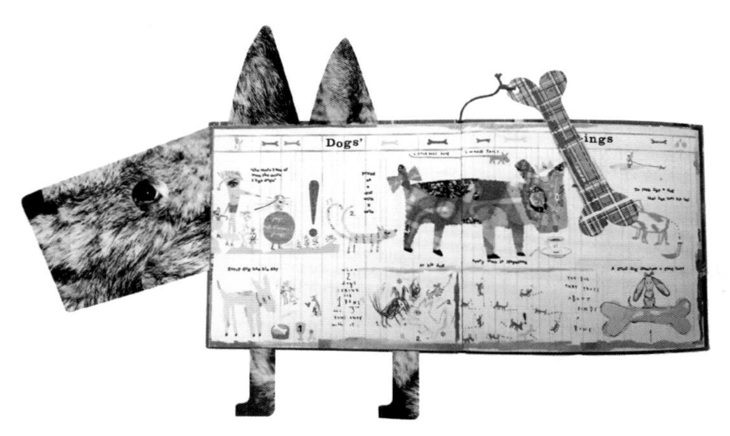

图 8-4 趣味儿童书籍

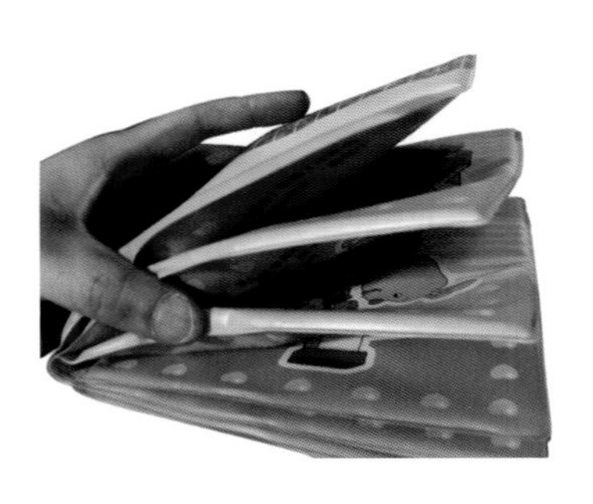

图 8-5 撕不坏的儿童书籍

图 8-6 切页式儿童书籍

图 8-7 可拆开的书

图 8-8 立体式儿童书籍

另外，儿童有对事物的求知与好奇心理，但并没有成人的自我保护与辨别能力。比如书籍的重量、开本、印刷材料等在某些情况下都会对儿童的身心造成一定的伤害。所以儿童书籍的制作材料一定要结合儿童的生理特征与思维模式，选择安全、环保、天然的制作 与印制材料。

8.2 杂志装帧艺术

17 世纪的新闻性书籍里面报道一些有限但却迅速的日常事件。这些事件的时效性才使得新闻性书籍具有了连续性。这些新闻性书籍也就是杂志的雏形。杂志是一种特殊的书籍，是连续的出版物，这就意味着它要经历多次的设计过程，多次面对读者和市场。因此，杂志的装帧设计，可以说是一个永无止境的设计活动，是一种注重过程的艺术，一种变化的艺术。有着与普通书籍设计所不同的特性。杂志设计的要素：封面、刊名（中英文对应刊名）、要目、年度期号等。

图 8-9 《艺态》杂志

1. 封面的要素：刊名、年度期号、要目、图片

杂志的设计多在封面上，刊名、年度期号、要目和图片是杂志封面不可分割的一个整体，杂志封面的文字有两类，一类是刊名与年度期号，杂志的整体设计是围绕着刊名展开的。刊名用无声的、充满形式意韵的文字向读者传递杂志的风格意趣，如图 8-9 和图 8-10 所示。年度期号在设计上一般会紧跟刊名，与刊名一起形成一个小群体。年度期号是一个时间线索，让读者区分杂志的新旧度。另一类是要目，要目就是杂志中特色文章的标题或者具有代表性的文字，它们是杂志有力的促销点，常以有节奏感的排列方式出现在杂志封面的图片上，与刊名互相点缀。

图片也是杂志设计中的一个重要元素之一，是对杂志内容的再现与补充。图片不仅能增强杂志的生动性，也能反映文字语言所表达的视觉形象，帮助读者理解内容。常用的有手绘插图、艺术图片和摄影图片三种，如图 8-11至图 8-13 所示。摄影图片凭借它的写实性与通用性，可以适应不同类型的杂志，艺术图片与手绘插图大多会用于艺术类或者专业类杂志。在杂志设计中，无论使用哪种的图片形式，都必须注重图片的感染力，使内文的思想内涵得到有效传达。

图 8-10 艺术设计杂志

图 8-11　BENT 杂志设计

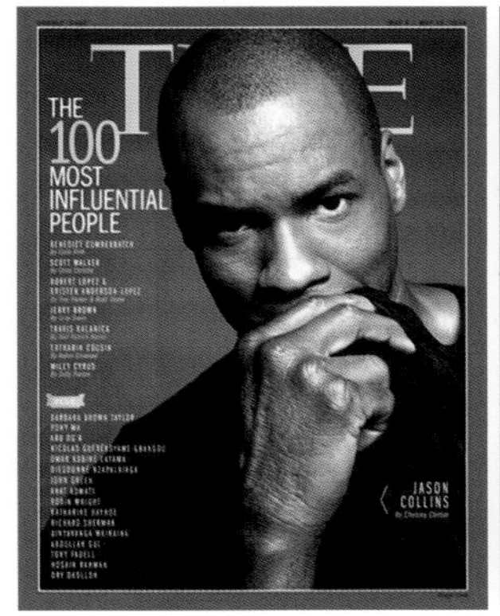

图 8-12　TIME 杂志

图 8-13　TIME 杂志

2. 目录的作用

目录是目和录的总称。“目”指篇名或书名，“录”是对“目”的说明和编次。目录是杂志内容的缩影，多编排在正文前。通过目录，读者可以清晰地浏览杂志的主要内容。杂志的目录与书籍的目录有一定的差异性，书籍的目录大多是采取由上至下的竖行排列，形式比较固定杂志的目录会根据每种杂志的主题特点采取不同的排版方式。尤以艺术类、生活类杂志为代表，这类杂志的目录经常采用自由版式，并且图文并茂，文字的摆放错落有致，字号大小起伏，不同的栏目会用不同的色彩进行区分。所以，好的目录设计能让读者清楚地把握整本杂志的内容结构，也能够体现杂志本身的艺术品位（图 8-14）。

图 8-14　TIME 杂志目录

8.3 内刊设计

内刊就是内部报刊，即非正式出版物的报刊、图书、宣传画册等。从狭义上讲，指在本行业、本单位内部用于指导工作、交流信息的非卖印刷品。内刊作为传统期刊的一种传播媒介，是企事业内部共享管理、生产经验的阅读物，也是企事业文化传承的载体，是加强内外部沟通的有效平台。

内刊具有对内传阅的属性，所以与一般的商业书籍有所区别，特别是一些党政机关、企事业单位内刊都具有一定规范性和连续性特征。在设计过程中，内刊图文直观、寓意深刻，具有宣传和激发斗志的特点，如图 8-15 至图 8-17 所示。

图 8-15　内刊（一）

图 8-16　内刊（二）

图 8-17　内刊（三）

8.4 电子书籍

电子书籍是在当代科学技术迅猛发展下产生的一种新形式书籍。它以互联网为流通渠道，将传统的书籍出版发行方式在计算机中实现，区别于传统的纸制媒介的出版物。具备图像、文字、声音、动画等多媒体结合的优点；可检索，可复制，突破印数的制约；在印刷发行流程中的成本将极大降低，有更高的性价比；便于携带；有更大的信息含量等。

电子书的构成非常重要。在这个有限的空间内，要把握好文字、图片的摆放。画面内容要活跃，主题要鲜明突出，色彩搭配要讲究，再加上视听文件才能使一本精彩的电子书籍画面展现出来，如图 8-18 所示。根据现代人“快速浏览”的习惯。电子书籍的版式标题要醒目，图形比文字的优势要大得多，动态画面又比静态画面更有优势。这种设计思想可以通过版面的空间层次、主从关系、视觉秩序以对彼此的逻辑条理性的把握与运用来达到。

电子书籍的页面设计形式分为静态、动态、交互式三种。静态的页面就是在网页上显示固定的图片与文本，是早期网络页面版式常用的一种方式。动态页面是把一个个图片和文本组成动画形式播放出来，通过动画的运用使阅读者加深印象。交互式则使用视觉导引加上连接功能，把书籍上的小方块内容隐藏起来，按下小方块按钮之后才会显示。这样的做法可以保持页面简洁，在信息量较大时可以节约空间，增加了页面的灵活性。利用动态技术可以使页面中各种元素的形象随意变化，读者在这些变化中能随着视觉角度的转化自由欣赏。

电子书籍中因为视听元素的加入，在形式上具有了真正意义的节奏感与可视性。电子书籍中的听觉元素提高了书籍的听觉感染力，视频元素增强了书籍的可视性。节奏、音调的创新加工配合视频图像和彩色画面，唤起了读者的“内心视听觉”。例如一本电子书籍的页面配合上背景音乐与视频画面，那真正成为视、听、色俱全的视觉大餐。虽然电子书籍给传统书籍带来了巨大的变革，但并不意味着传统书籍很快就会退出历史舞台，他们拥有各自不同的读者群体，电子书籍和纸质书籍将会共同存在，如图 8-19 所示。

图 8-18 电子书设计（一）

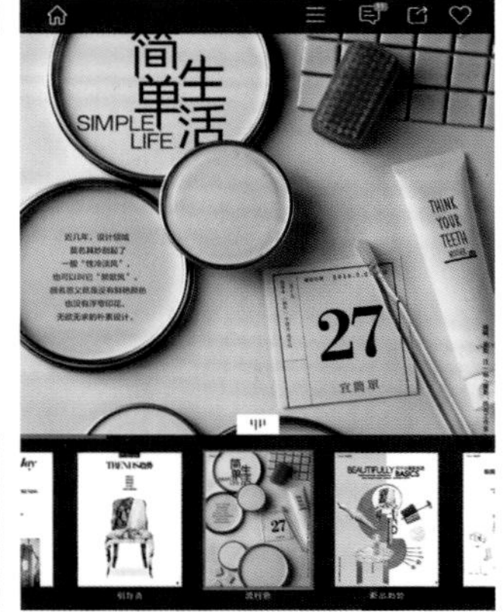

图 8-19 电子书设计（二）

8.5 皮书系列

一国政府或议会正式发表的重要文件或报告书的封面有它指定的颜色，白色的叫白皮书，蓝色的叫蓝皮书，红色的叫红皮书，黄色的叫黄皮书，绿色的叫绿皮书，因而皮书往往成为某些国家的官言文书的代号。

白皮书是由官方制定发布的阐明及执行的规范报告。白皮书最初是因为书的封皮和正文所用的级皆为白色而得名。蓝皮书是由第三方完成的综合研究报告。红皮书是关于危机警示的研究报告。有的用于官方文件，有的用于非官方文件。英国于 1969 年出版一本红皮书，副标题是“野生动物濒危”。然而最有名、发行量最大的“红皮书”是 20

图 8-20　红皮书：《毛主席语录》

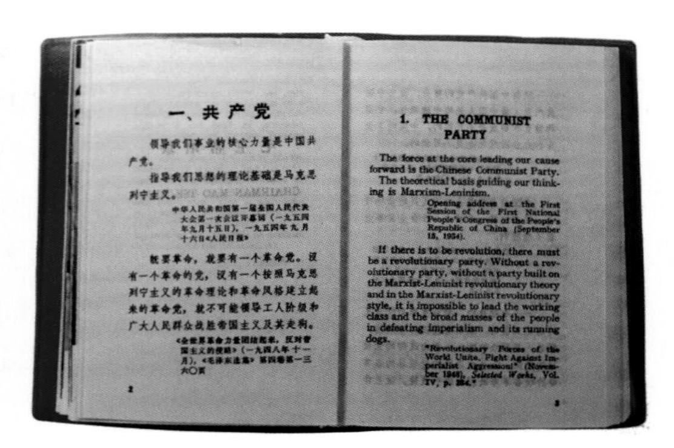

图 8-21　双语版毛主席语录

世纪六七十年代出版的《毛主席语录》，如图 8-20 和图 8-21 所示。黄皮书过去被泛指旧中国和法国等政府发表的重要报告书，因为习惯上使用黄色封皮。19 世纪末，法国有一本黄皮书，内容是有关法国与中国就修筑滇越铁路进行的交涉。绿皮书是关于乐观前景的研究报告。意大利、墨西哥、英国和 1947 年以前印度发表的一种官方文件，有的称为绿皮书。此外，还有一种“GREEN PAPER”也被译做绿皮书，是一国政府发表的一种绿色封皮的报告书，载有正在酝酿中的、尚未被政府采纳的建议。

皮书因它所承载内容的特殊性，致使它的装帧显得更为严谨和正式，既没有大众书籍的通俗，也没有精装版本的华丽，更没有艺术书籍的浪漫，它所展现的是一种简洁与大方的美。

8.6　概念书

概念书是一种关于书的思想体现，是寻求表现传统书籍内容可能性的另一种新形态的书籍形式。它根植于内容，但在表现形式上又另辟蹊径；它的阅读方式不仅仅是日常的看和读，也许它还有听、闻、玩等功能。因为受到技术和成本等条件的制约，概念书不能大批量地生产上市。概念书是书籍设计的一种延展形式，发展思维的多向性，拓展表现形式的多样性。概念书为未来创造了一种潜在的可能性。书籍给我们带来的信息不一定就是它所承载的文字和图片，它的阅读方式和具有触摸感的材料同样也能体现出书籍的思想和观念。

概念书中个性、自我的情感传达会使设计者对书籍形态做出大胆的尝试和探索，如图 8-22 所示。

图 8-22　概念手工书

书籍的翻阅方式是书籍形态的重要组成部分，它不仅会从书籍外观上给读者带来感受，还会影响到读者的阅读习惯。也许由于受到传统习惯的制约，设计师在书籍设计中，往往只是把时间和精力倾注在色彩、版式、装订、封面、扉页等要素上，并没有意识到翻阅方式的改变会使书籍耳目一新。

翻阅方式有很强的可塑性和无限想象的空间，在概念书设计中翻阅方式有更强的趣味性与互动性。

抽着看的书——把一张张书页依次从上到下排列整齐放入盛书的容器内，需要哪一页就抽出哪一页进行阅读，节约了读者查找的时间，如图 8-23 所示。

拆开看的书——制造一种“预知后事如何，请听下回分解”的悬念，给书籍附上一层神秘的面纱，穿上一件漂亮的“外衣”。读者阅读时，需要先把书籍的“外衣”拆开，才能汲取里面的内容的营养，如图 8-24 和图 8-25 所示。

图 8-23　草房子概念书

图 8-24　口袋怪兽手工书

图 8-25　沈斌《红色旅游》

旋转看的书——当人们习惯了180°的翻页动作后，出其不意地来一个360°旋转，让读者的眼球做健康运动。如概念日历书“那些逝去的……”就是这种形式，在每一个页面的上方打孔串连起来，这个圆孔就是圆心，看书的时候就可以围绕着圆心翻看，如图8-26所示。

概念书对材料的选择可以丰富多彩，金属、石块、木头、塑料、玻璃、布料等。对于概念书设计应该是将书籍的外表与内涵有机的协调，恰当地运用材料，从而赋予书籍以新的生命力。材料是形态得以实现的基本保证，它能够淋漓尽致地展现出设计者的“闪光之点”，如图8-27至图8-42所示。

图8-26 罗琎、饶文芹《那些逝去的……》

图8-27 王晨、肖飞平《鄂地牛皮书》

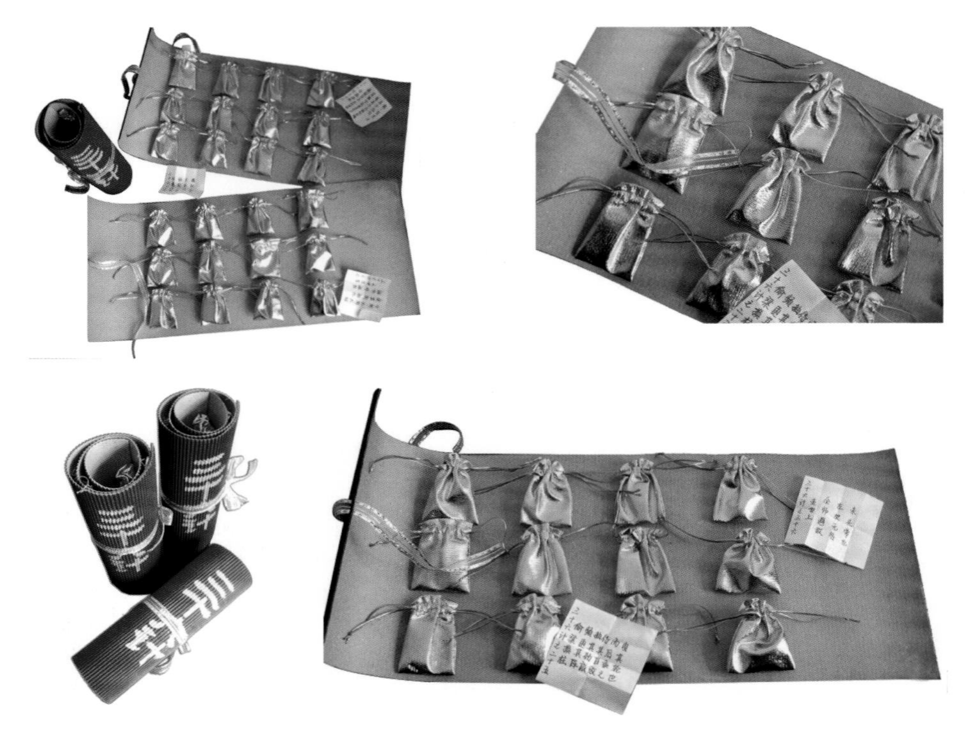

图 8-28　许臣颖、张蓓蓓《三十六计》

图 8-29　《门神》概念书

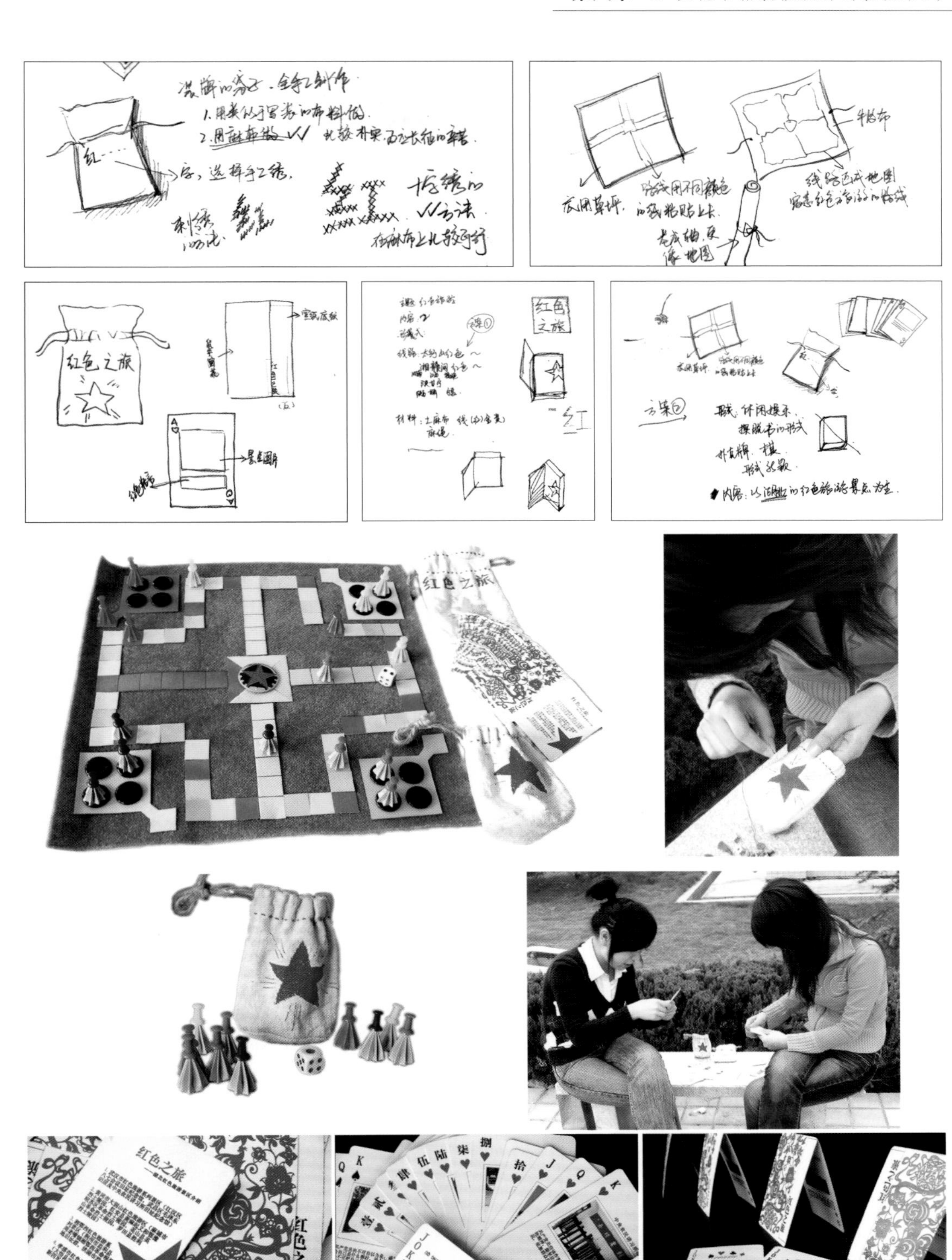

图 8-30　韩璇、刘倩《红色旅游》

图 8-31 《*A Pop-up Book of Animal Architecture*》

图 8-32 洛林拉莫《*Secular Prayer Book No.5: Psychological Baggage*》

图 8-33 斯特凡妮《*Ladybug, ladybug*》

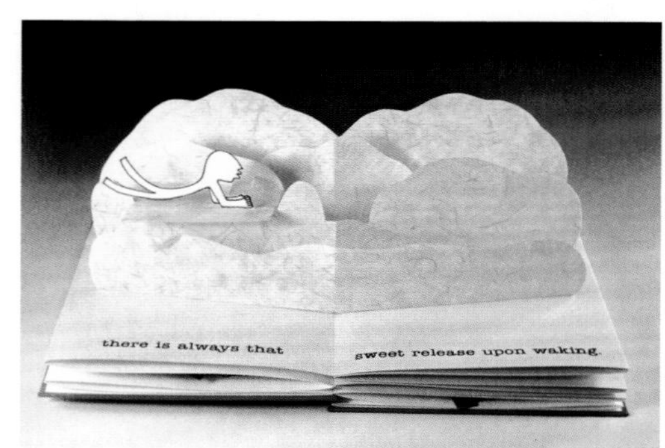

图 8-34 mily Martin《*Sleepers*，*Dreamers and Screamers*》

图 8-35 洛伊丝·马理逊《*Geryon's Country*》

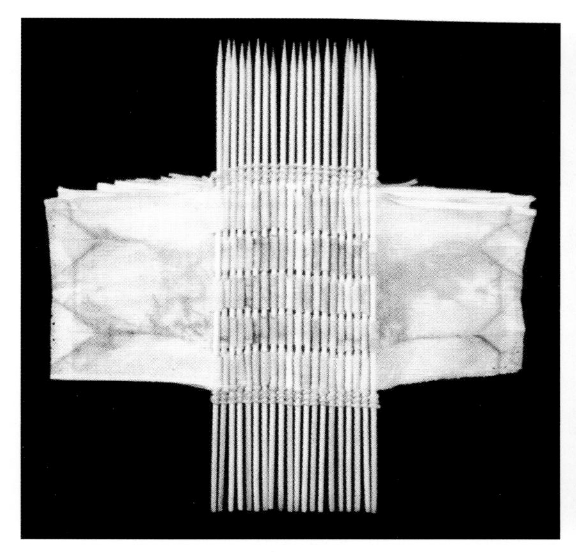
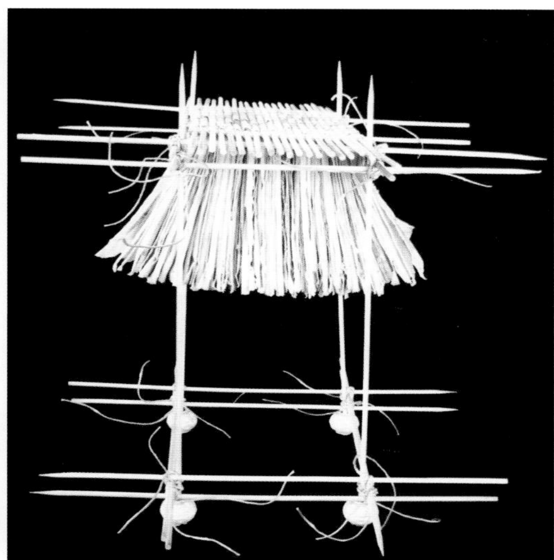

图 8-36 Heather Crossley《*Tea*》

图 8-37 苏珊•卡罗尔•梅塞尔《*side by side*》

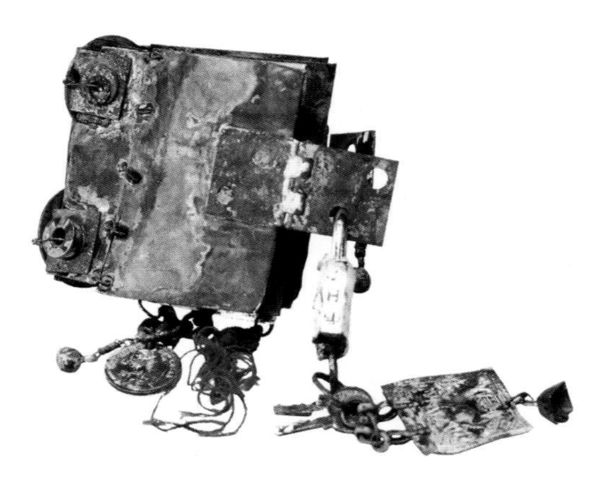

图 8-38 茱莉安娜•科莱斯《*Uncharted Depths*》

图 8-39 patricia T.Hetzler《*woman of substance*》

图 8-40　Ingrid Hein Borch《*Untitled*》

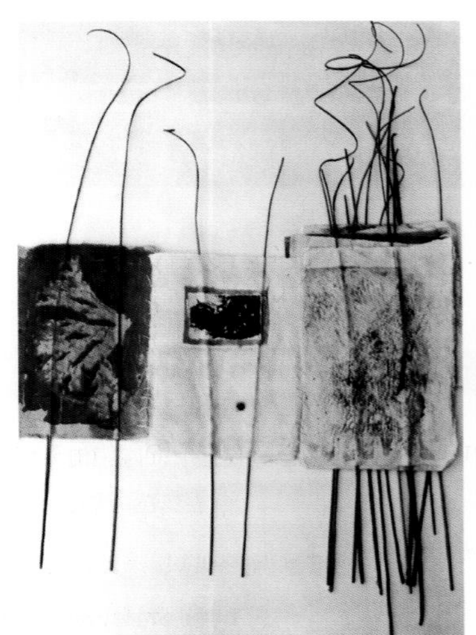
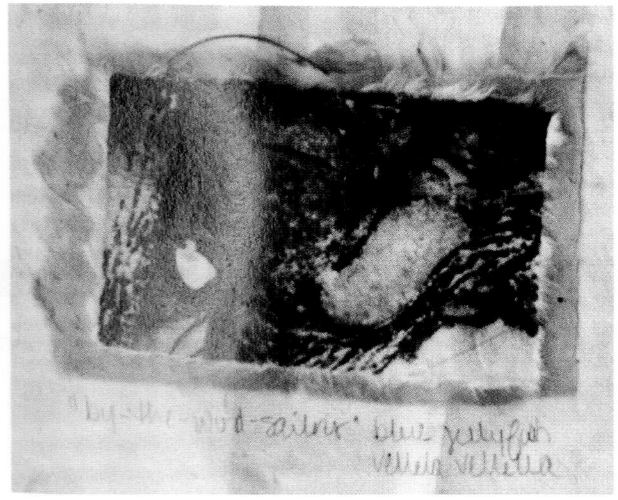

图 8-41　Stephanie Nace《*Monterey*》

图 8-42　《*Ukulele Series Book*》

材料的特性导致材料具有不同的心理感受这一特征，材料的心理感受实际上是指由材料的质地、色彩、肌理等因素给人造成的综合感受，这种心理感受也会直接影响到人们对整体造型的最终感受。

常见材料的心理特性分析如下：

（1）木材——来自大自然，很容易让人对它产生亲切感，疏密变化的木材纹理还能产生一定的节奏感和韵律感。

（2）竹藤——材料比较温良，因而具有亲切感、温和感，让人有回归自然的感觉。

（3）金属——给人以坚硬、沉稳和冷漠之感，金、银、铂的色泽还能使人产生富贵感。

（4）塑料——具有轻盈感和张力感。

（5）玻璃——通常具有很好的通透感、光滑感和轻盈感，由于其易碎，因而又使人产生一种脆弱感。

（6）织物皮革——给人以柔和感和温暖感，薄或透明的织物还具有一种通透感。

（7）橡胶泥塑——可塑性强。材料柔软，不易变形，色彩鲜亮。

本章小结

现代书籍设计已不局限于书传达信息载体的功能和内容自身主题的限制，而是将书视为一种艺术，通过独具匠心的技术与艺术创意和实践，创造新的书籍形式。本章把儿童书籍、杂志、楼书、电子书籍、皮书、概念书归类为“其他书籍”，原因在于它们各自有特定时代性、特定阅读人群、特定创造性。这些“其他书籍”就是要把精神享受的空间和物化的双重愉悦作为最终目的，以最醒目的形象、最方便的阅读方式、最完美的表现形式，把书的信息和特性传递给读者。

习题

1. 杂志封面设计的要素有哪些?
2. 将电子书籍与传统书籍相比较，谈谈它的优、缺点。
3. 谈谈你对概念书籍的认识。
4. 制作一本概念书籍：书名《三十六计》，手工制作，规格、材料不限。

第九章

书籍装帧设计与社会文化

9.1 书籍装帧设计的流程与策略

1．与客户沟通交流

交流有利于拉近设计师与客户间的距离，沟通有助于增进相互之间的理解与融合。设计师与客户的沟通是为了实现书籍装帧设计的最终目标，把设计的信息、思想和情感在个人或群体之间传递，并且达成共同协议。

2．主体风格的确立

书籍装帧设计不能回避流行风潮，也不会无视审美时尚，更不能完全淹没在流行与时尚中。如果书籍装帧设计视觉艺术语言的选择和运用被固定在一个模式中，那么设计就会走向终结。一本书籍的内容既然有别于其他书籍，那么，它的设计形式与风格必定要与众不同。设计师要始终把握书籍的个性化、创造性的艺术感受、体验、认识和理解，既要区别于不同种类书籍，又要区别于相同种类的书籍，使其具有独特的设计风格。

3．书籍形态的定位

书籍形态的塑造应当是作者、编辑、设计师、印刷装订工人共同完成的系统工程。形态的定位要依靠设计师敏锐的观察力，以及对书籍内容、读者心理和接受度等多方面考虑。同样，书籍形态的改变也是为了利于阅读，如果一味地追求形态的变化，而忽视了书籍自身的功能，就会失去改变书籍形态的意义。书籍形态定位更多的应该是从书籍的内容出发，真正做到形式与内容的完美融合。

4．内容信息的细分

书籍装帧设计也是一种“对信息重新设计”的创造性工作。对内容信息的细分需要设计师充分理解原著信息，对书籍主题内容作全面的解析和整理，梳理各种线索与环节，让设计元素与内容信息相互契合，完美呈现。

5．艺术形式的体现

书籍艺术形式的体现，必须依靠各种设计元素的搭配和整体设计风格的定位。书籍设计中的艺术形式感，不仅是表现在平面上，更表现在书籍的整体形态与形式上。外在的形式感与作品的内容相比，有其相对独立的审美意义。尽管它的独立是相对的，但它自身仍有独特的感染力。在审美活动中，人们首先接触的便是形式，如果美的形式能唤起人的审美意识，便有助于对内容的认识和接受。书籍的艺术形式与内容有关，又不完全依赖于内容，但有表达作品主题的作用。

9.2 设计风格与审美观念

设计是沟通，是传达。风格是形式，是表现，是指对各种媒介、技巧、形式诸要素以及设计原理的一种贯穿始终的、富有特色的处理方式，它可以使一部作品作为某一特殊作者、运动、时期或地点的产品易于辨别。审美是辨别，是领会。观念是意识，是反映，是人对于世界和社会的系统的看法和见解，而哲学、政治、艺术、宗教、道德等是它的具体表现。一部书籍如果有了它的设计风格，那么大众就必定会体现出他们的审美观念。

（1）传统风格与审美观念：传统审美观念具有古典、雅致、柔和、稳重的特性，这种特性在古代书籍形态如简策、卷轴装、经折装以及线装上得到充分体现。现代书籍的设计应在继承传统形态的基础上加以创新，以线装书为例，可以从改变订眼方式、穿孔材质、穿孔材质的状态等方面赋予书籍新形态，使书籍既有古韵和浓郁的书卷气，又具有现代气息。

（2）现代风格与审美观念：现代审美观念体现在对动感、新材料、新技术、新形式的追求上。新技术的发展和新材料的出现使得书籍的形态更具时代感和科技感。设计师应从材料的象征性、审美性和功能性三个方面选择和运用书籍的材料，达到书籍材料物之美的完美情感体验。

（3）自由风格与审美观念：自由审美观念体现在个性化和多元化的追求上。如果说现代风格内敛，那么自由风格则张扬，它把内心的狂热和激情撕扯得淋漓尽致，市场也宽容地默许它夸张表现。打破固有形态，探索书籍形态的时空四维化和物化，使书可读、可用、可赏，这是对书籍形态最为大胆的一种探索形式。

（4）混搭风格与审美观念：混搭审美观念体现在打破常规，出奇制胜，用一种非个性的特点来彰显个性化的风格上。“混搭”是相对“单纯”的另一个设计理念，很多设计作品是在“单纯”的基础上“混搭”成功的，但是“混搭”不等于“乱搭”，“混搭”更强调各种元素之间搭配的和谐与合理性。书籍设计中的“混搭”是设计师的设计手段之一，混搭看似漫不经心，实则给人意想不到的美感。

9.3 全球化时代下书籍设计艺术性的体现

书籍作为文化产业的重要组成部分，已经成为当今社会人们提升自身修养和生活品位的主要消费品。书籍的选题定位和整体设计所呈现的外观面貌，随着时代的发展而发生了内涵及外延的变化。书籍的内涵发生了变化，与此相应的设计概念也随之改变。从最初单纯的封面、封底、书脊等局部设计，发展为立体化书籍整体形象设计，不仅包括常规的设计要素，还把形态造型、材料应用等也列入设计范畴之中，使读者在获取知识的同时，充分享受阅读带来的美感与畅快。

1. 轻松、自由的艺术风格

大多数读者对书籍中知识的接受，是一种被动阅读。内文受控于标准的字距与字体，插图规矩地夹衬于段落间，一成不变的排列形式，篇、章、节标题严格设为固定字号与字体。使读者对于形式的接受趋于一种常态，看见多少，接受多少，因而对于形式以外的想象空间思考甚少。思想被动地受图文牵引，缺乏主动参与性。

而现代轻松、自由的版式设计，能在诱导读者做了一番曲径幽探之后，使他们有层次地渐入佳境，饶有兴致地遍览全书，是书籍视觉传达的重要手段。这种模式采用非对称方式，但追求非对称之中的视觉平衡，强调形式与内容的统一，在无序中寻找有序。如无疆界性打破传统页面的天头、地脚，在排版中文字常常冲出传统版心的区域；字体与图形的共生；对传统版式进行解构重组，破坏原有的明确感和秩序感；还有特意制造“视觉噪声”，添加一些破损、断裂、装饰、重叠等效果来丰富版面，如图 9-1 至图 9-8 所示。

图 9-1 《*The Strange Case of Dr Jekyll and Mr Hyde*》

图 9-2 《好奇的男孩组》普林斯顿建筑出版社

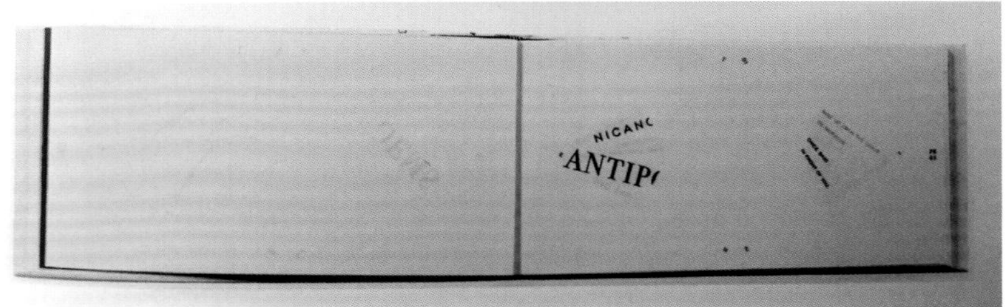

图 9-3 ANTIPOEMS 诗集设计

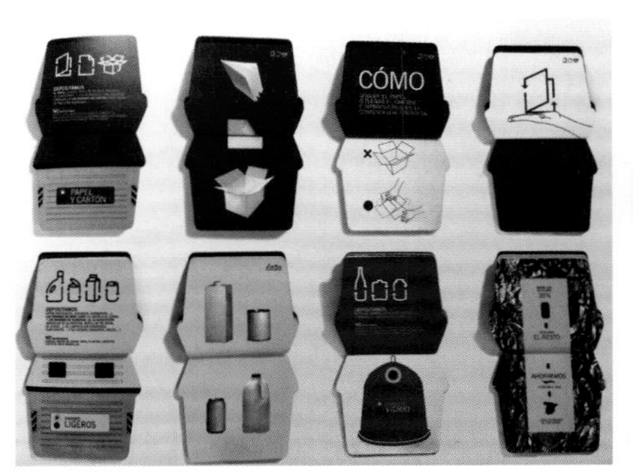

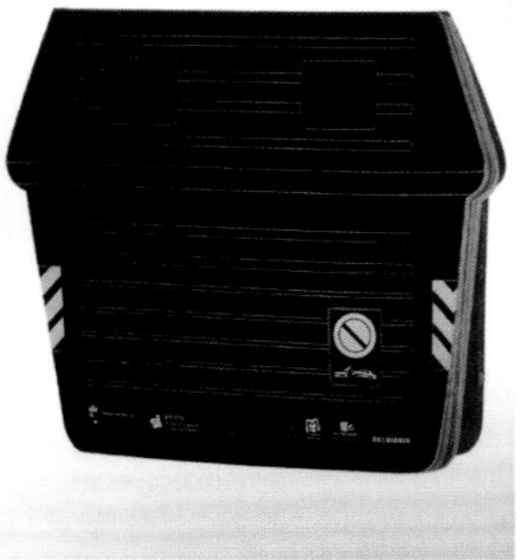

图 9-4 The container book

图 9-5　创意书籍

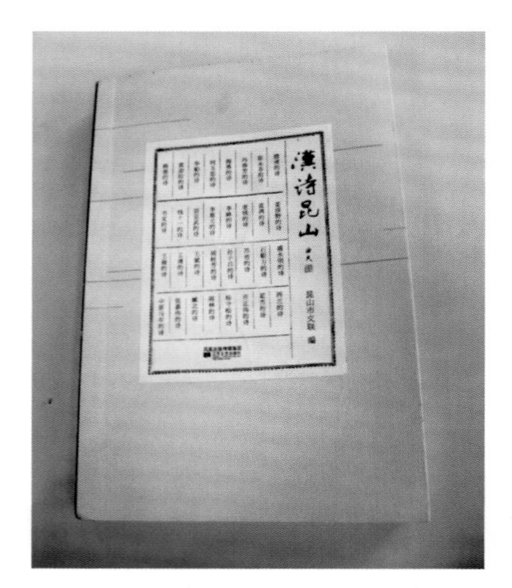

图 9-6　2010 年中国最美的书《汉诗昆山》

图 9-7　2010 年中国最美的书《寂寞求音》

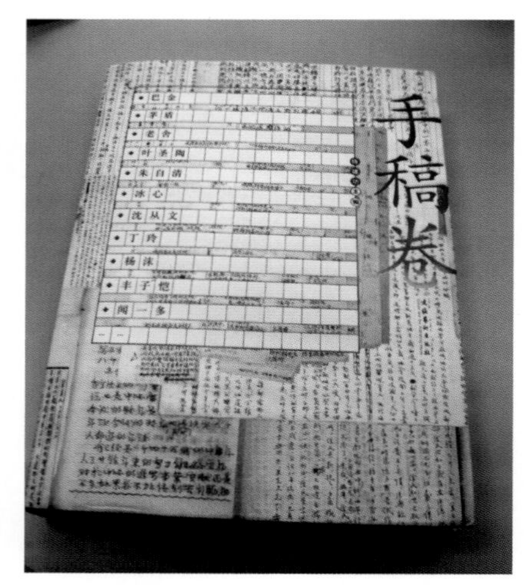

图 9-8　2010 年中国最美的书《手稿卷》

2．东西交融的设计艺术表现

国外的书籍设计有三种类型：一类是纯粹做传统书籍，严格沿袭传统做书的手段和审美习惯，其目的是传承和学术研究；第二类是书籍商品设计，即为出版社的书籍做设计，目的是为了书的销售；第三类是艺术家做书，更多地关注书籍语言概念的新阐释，把书作为艺术品来创作，其作品很多得到藏书者的钟爱。科技与经济的全球趋同化，影响着中西文化在传统与现代观念上的相互渗透，设计文化在此背景之下，也经历着冲突、异化、发展、融合的过程。

近些年，国内外设计师频繁交流，也为书籍设计的新发展提供了良好的氛围和无限的发展空间，无论是严谨的社科类图书，还是感性的文学类、艺术类图书，均让我们领略到了东西交融的设计艺术表现。如“世界最美的书”评选强调书籍整体的艺术氛围，书籍设计将图书作为一个整体，要求书籍的各个部分都在美学上保持一致。装帧形式必须适合书籍内容，在制作上达到最高的艺术水平和技术水平相统一。书籍设计的艺术性在于文字的排式、比例，在于是否构成了一件艺术品、体现了一种文化氛围，其不仅要吸引人的视觉，还要使人的手感舒适。

鲁迅先生曾说，至于手法和构图，不必问是中国风还是西洋风，只要观者能看得懂。如中国图书《不裁》荣获 2007 年度“世界最美的书”。《不裁》有一个别致的设计，它采用毛边纸，边缘保留纸的原始之感，没有裁切过。书的扉页有一把纸做的裁纸刀，让读者边看边裁。设计者以本身特有的地域文化所理解的视觉语言来表达对书籍精神的认知度，使作品呈现独特的艺术风貌。书籍设计作为具有独立艺术价值的设计门类，已涉及美学、设计学、市场学、传播学、营销学等众多学科，并使各个具有代表性的设计风格交织融汇，保持与时俱进的设计态度，在全球化时代下大放异彩，如图 9-9 至图 9-12 所示。

图 9-9 《虫子旁》装帧设计

图 9-10 创意书籍

图 9-11　朱赢椿设计的《不裁》

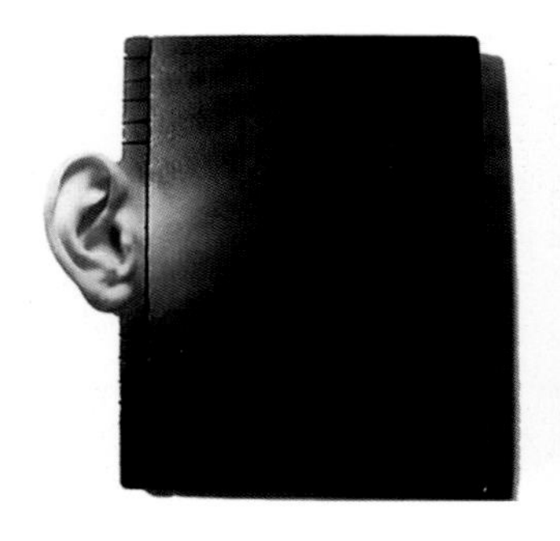

图 9-12 IGA 画册

3. 我国书籍设计民族艺术特色的显现

具有民族艺术特色的书籍设计艺术才具有真正的生命力。中国是多民族的大家庭，各民族都有自己悠久的历史、灿烂的文化以及独特多彩的艺术魅力。书籍设计艺术只有植根于民族民间艺术的土壤之中，才可能永葆旺盛的艺术生命力。

从古至今，中国历史文化的积淀和流传感染着一代又一代中国人的思想、情感、观念，这就是民族文化和民族艺术的魅力所在。我们可以从一些优秀的作品中找到例证，如吕胜中的《小红人》(图 9-13)，这种正面对称、张开四肢、顶天立地的造型样式，在世界各地的原始文化中都曾出现。而古老的剪纸技艺为吕胜中的创作提供了新的思路，也为表达抽象哲学和宗教观念找到了一种颇具震撼力的表现形式。也就有了后来火红的《小红人》书籍，这就是民族艺术的再现。陶元庆先生所作《故乡》的封面设计，被鲁迅先生称为“大红袍”的封面装帧，是现代书籍装帧史上的经典之作。据说陶元庆这幅装帧作品是在北京的戏院看戏时为戏台的人物所启发，之后一夜未眠完成的作品。由此可见，只有融入民族、民间的艺术特色的作品，才可能永远保持旺盛的生命力，如果缺少民族的艺术特色，其生命力就会弱化。

从历届国家图书获奖的名单中，我们不难发现获奖的书籍大部分具有极强的民族艺术特色，从表到里，从内容到形式，从珍贵的史料到具有极高使用价值的工具书，无一不显现出民族特色的光影。如四川民族出版社出版的《德格印经院藏木刻版画集》获第六届国家图书奖、云南民族出版社出版的《云南民族文化大观丛书》获第十二届中国图书奖、贵州民族出版社出版的《刻纸艺术——彝族苗族风情专集》获第四届国家图书奖提名奖，《中国少数民族革命史》获第五届国家图书奖提名奖。这些精品图书，最有代表性、最富民族性，从内里到外装，都体现出独到的民族艺术特色，如图 9-14 至图 9-17 所示。

图 9-13 《小红人的故事》装帧设计

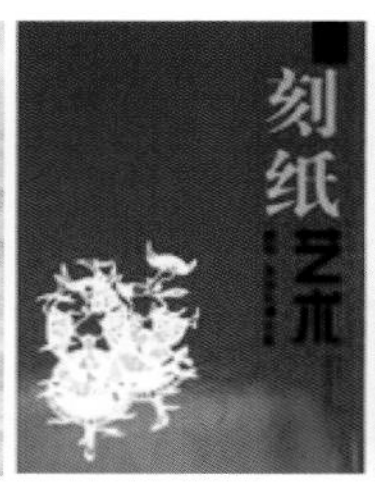

图 9-14 民族艺术风格的装帧设计

图 9-15 《中国乡土手工艺》装帧设计

图 9-16 遵义画册

图 9-17　书籍装帧设计

本章小结

书籍是通过视觉、触觉、嗅觉、听觉将知识传播给受众。现代书籍设计衍生出商品性，但书籍作为表达思想、传播知识、陶冶心灵的精神食粮，是具有特殊表现力和生命力的商品。当今全球化时代，信息传播形式已呈多元化格局，书籍设计将紧紧追随社会流行文化的演绎，反映社会发展中的大众审美情趣。在未来东西文化进一步交融的过程中，我们将能欣赏到更加成熟、完整、具有独立个性的书籍设计作品。书籍设计将在无声的艺术设计语言中不断地得到新的提升。

习题

1. 简述书籍设计的流程。

2. 请列举两本具有自由、轻松艺术风格的书籍。

3. 在全球一体化的今天，怎样更好地运用中国元素设计书籍，让中国制造走向世界？并谈谈你的看法。

参 考 文 献

[1] [法]Bruno Blasselle. 满满的书页 [M]. 余中先，译. 上海：上海书店出版社，2002.
[2] 邓中和. 书籍装帧创意设计 [M]. 北京：中国青年出版社，2004.
[3] [日] 杉浦康平. 亚洲的书籍、文字与设计 [M]. 杨晶，李建华，译. 北京：生活 · 读书 · 新知三联书店出版，2007.
[4] [法]Georges Jean. 文字与书写 [M]. 曹锦清，马振聘，译. 上海：上海书店出版社，2001.
[5] 杨永德. 中国古代书籍装帧 [M]. 北京：人民美术出版社，2006.
[6] [美]Roger Fawcett-Tang，*Caroline Roberts.New book design*[M]. Published in 2004 by Laurence King Publishing.
[7] 黄建成，李喻军. 装帧之旅 [M]. 南昌：江西美术出版社，2003.
[8] 中国出版工作者协会装帧艺术工作委员会，中国美术家协会插图装帧艺术委员会. 中国装帧艺术年鉴——2005（历史卷）[M]. 北京：中国统计出版社，2005.
[9] 熊小明. 中国古籍版刻图志 [M]. 武汉：湖北人民出版社，2007.
[10] 吕敬人. 敬人书籍设计 [M]. 长春：吉林美术出版社，2000.
[11] 邱陵. 书籍装帧艺术 [M]. 重庆：重庆出版社，1990.
[12] 李致中. 古书版本鉴定 [M]. 北京：文物出版社，1998.
[13] [美] 哈洛维. 报刊装帧设计手册 [M]. 杜然，译. 北京：中国财经出版社，2007.
[14] 赵健. 交流东西书籍设计 [M]. 广州：岭南美术出版社，2008.
[15] 郑军. 书籍形态设计与印刷应用 [M]. 上海：上海书店出版社，2008.
[16] 李长春. 书籍版式设计 [M]. 北京：中国轻工出版社，2006.
[17] 吕敬人. 翻开——当代中国书籍设计 [M]. 北京：清华大学出版社，2004.
[18] 罗树宝. 印刷之光 [M]. 杭州：浙江人民出版社，2000.
[19] 吴建军. 印刷媒体设计 [M]. 北京：中国建筑工业出版社，2005.
[20] 陈楠. 平面设计与材料应用 [M]. 南昌：江西美术出版社，2005.
[21] 中国出版协会装帧艺术工作室. 书籍设计 [M]. 北京：中国青年出版社，2013.